U0384422

多龄期建筑
震害评估研究

DUOLINGQI JIANZHU
ZHENHAI PINGGU YANJIU

熊勇权／著

四川大学出版社

责任编辑:唐　飞
责任校对:蒋　玙
封面设计:墨创文化
责任印制:王　炜

图书在版编目(CIP)数据

多龄期建筑震害评估研究 / 熊勇权著. 一成都:
四川大学出版社，2018.9
ISBN 978-7-5690-2412-8

Ⅰ.①多…　Ⅱ.①熊…　Ⅲ.①建筑物-地震灾害-安
全评价　Ⅳ.①TU311.3

中国版本图书馆 CIP 数据核字（2018）第 223683 号

书名　**多龄期建筑震害评估研究**

著　　者　熊勇权
出　　版　四川大学出版社
地　　址　成都市一环路南一段 24 号 (610065)
发　　行　四川大学出版社
书　　号　ISBN 978-7-5690-2412-8
印　　刷　成都金龙印务有限责任公司
成品尺寸　148 mm×210 mm
印　　张　5.375
字　　数　143 千字
版　　次　2018 年 9 月第 1 版
印　　次　2018 年 9 月第 1 次印刷
定　　价　36.00 元

◆读者邮购本书,请与本社发行科联系。
电话:(028)85408408/(028)85401670/
(028)85408023　邮政编码:610065
◆本社图书如有印装质量问题,请
寄回出版社调换。
◆网址:http://press.scu.edu.cn

前　言

随着社会的进步和科技的发展，地震造成的经济损失和人员伤亡得到越来越多的关注，地震经济损失评估方法也在不断发展。从总体上看，国内外对于地震直接经济损失的研究已形成了较为稳定、系统的评估方法，但仍然存在一些不足。本专著将在多龄期建筑地震灾害直接经济损失评估建模中予以深入系统的研究，所涉及的是工程结构地震易损性特性、工程结构震害预测的集成技术以及工程示范等方面的内容，以期解决我国在城市建筑地震易损性分析以及震害预测方面存在的问题，符合整个项目对工程结构地震易损性、工程结构震害预测以及相应工程技术对策等方面的需求。

通过确定材料、构件、结构力学性能演化规律，实现其细观损伤与宏观力学性能演化的定量表征与界定；揭示不同环境影响下，不同服役龄期结构地震破坏机理以及结构抗震能力的衰变规律。与此同时，将研究所形成的技术成果应用于示范区的多龄期建筑，对其进行震害预测与评估示范，并依据震害预测评估直接经济损失结果，提出示范区的震害控制成套技术。

本专著的内容为作者近年来的一些研究成果和学习心得，并吸收了国内外同行的研究成果。在本专著的编写过程中，得到了四川省教育厅重点课题“建筑结构地震倒塌仿真分析”的资助；西安建筑科技大学的邓明科教授、西南交通大学的李明水教授、四川省建筑科学研究院的李玉忠高级工程师提供了他们在混凝土试验方面的科研资料，四川文理学院建筑工程学院的史少华、杨成福等老师在抗震理论方面给予了一定的帮助，在此向他们表示深深的感谢。

关于这方面的学术论文和著作虽然不少，但编写一本自己的研究成果并具有理论意义和工程背景的著作是作者多年的梦想，由于水平及能力所限，书中难免存在不足之处，恳请各位读者批评、指正。

著　者

2018 年 7 月 30 日

目　录

1 引言

震害预测是风险预测的前期工作，我国震害预测方面的成果没有区别新建建筑和老化建筑在抗震性能方面的差异，因此难以体现城市建筑群多龄期特性的影响。城市建筑群由于建造的历史时期不同以及建造时所依据的设计规范体系不同，而表现出多龄期的特性，新建、老龄和超龄结构并存，这些建筑的设计参数和性能劣化程度均有所差异，从而导致其抗震性能存在明显的差异。而国内外现行的震害预测方法在反映城市建筑群的多龄期特性方面显得力有不逮，难以考虑城市建筑群的多龄期特性，在此基础上开展的风险预测研究也受到此类问题的限制。为解决上述难点，现提出如下技术路线：

（1）基于不同环境下各类多龄期建筑结构的材料性能试验测试及其现场实测，研究不同环境作用下结构材料的损伤机理与性能退化规律，建立其考虑性能退化效应的细观本构模型。

（2）基于典型构件变幅循环加载试验，通过变化结构构件设计参数和环境条件，研究荷载工况、结构设计参数、环境因素等变化对结构构件地震损伤演化规律的耦合影响，揭示其损伤演化机理，建立构件承载能力、刚度和耗能能力的演化规律，最终提出考虑损伤累积效应的典型结构构件（如框架梁、柱，砖砌体墙片，剪力墙等）的滞回模型，并确定模型各特征点的计算方法，实现典型结构构件在荷载—环境耦合作用下力学性能的准确评价，为在“高扩展全寿命建筑信息模型”中建立考虑损伤累积、大变形、强非线性影响的典型结构构件力学模型奠定基础。进而，基于所提出的构件力学模型，实现各类工程结构的精细化数值模拟，并对各类工程结构进行直至倒塌阶段的强非线性动力时程分析，揭示其地震损伤演化规律，研究结构构件破坏次序以及逐步失效过程所导致的结构倒塌破坏机制。通过混合结构拟动力试验方法，选取典型工程的子结构模型进行物理试验，研究构件破坏与子结构破坏的关系，揭示结构损伤演化规律及其破坏模式。

根据以上技术路线，本专著的研究内容包括以下 7 个方面：

（1）进行不同环境下多龄期建筑结构的材料、构件与结构的试件制作、环境作用模拟及其抗震试验、测试与分析。

（2）研究复杂应力条件下材料尺度、构件尺度以及结构尺度的损伤机理与演化规律，建立考虑动力损伤效应（如混凝土的损伤累积、钢材的动力失稳等）的主要建筑材料的细观本构模型。

（3）建立考虑损伤/退化的典型构件的宏观恢复力模型，以及细观与宏观相结合的多尺度单体结构模型。

（4）研究考虑功能退化和性能劣化的结构损伤机理与演化规律，建立锈蚀钢筋的细观损伤本构模型。

（5）研究考虑性能劣化的钢筋混凝土构件、砖砌体构件和钢构件的宏观累积损伤恢复力模型，以及细观与宏观相结合的在役建筑结构模型。

（6）收集我国典型城市的历史震害资料，研究我国不同类型工程结构的损伤破坏关系与地震动强度指标之间的统计规律。

（7）建立我国典型多龄期建筑结构的破坏概率矩阵，并获得经验地震易损性曲线。

针对以上（1）～（5）的研究内容，本专著进行了相关试验设计、数据收集及理论建立，具体研究思路如下：

搜集国内外已有相关试验研究资料，参考已有腐蚀退化材料模型，针对试验研究内容的空缺及腐蚀退化模型的缺点，设计材料及构件层次试件。目前，国内外已发表的文献未见对结构层次耐久性损伤的试验研究，为验证所建立模型的科学性与准确性，本专著本着从材料、构件、结构 3 个尺度对退化机理进行系统研究的思路。首先，对于材料的试验研究，基于材料性能退化规律，建立基于材料应变的构件与结构细观模型，借助现有有限元软件平台，进行构件与结构的抗震性能数值试验，得到构件的滞回曲线与结构动力弹塑性响应；其次，对于构件的试验研究，基于构件的滞回曲线，建立考虑耐久性损伤的构件恢复力模型；然后，基于材料应变所建立模型难以考虑钢筋滑移、塑性内力重分布及损伤累积等，采用构件尺度试验研究对基于材料应变的构件数值模型进行修正，得到更为精准的材料退化规律；最后，对于结构尺度试验，为验证所建立基于材料恢复力模型的整体结构模型与基于截面与构件恢复力模型的整体结构模型的适用性，并给出考虑耐久性损伤的结构失效模型及破坏状态。为科学、合理地评估多龄期建筑群的震害情况，提供理论依据。

针对以上（6）和（7）的研究内容，主要方法是采集国内外震害资料，研究结构破坏形式与地震动强度参数之间的统计关系，按照城市多龄期建筑的结构形式与体系和功能要求，对城市区域不同多龄期工程结构进行性能水准的划分，建立工程结构的破坏概率矩阵；根据工程结构的破坏概率矩阵，利用地震动衰减关系及不同地震动参数之间的关系，建立基于不同地震动强度参数的经验地震易损性曲线。本专著搜集了大量地震历史资料，通过选取具有代表性的地震进行研究，建立了处于一般大气环境下的攀枝花地区多龄期砖混结构和钢筋混凝土框架结构的破坏概率矩阵，同时通过易损性指数概率密度分别进行对数正态分布和正态分布函数拟合，建立了一般大气环境下多龄期建筑工程结构的经验易损性模型。

2　多龄期结构材料、构件与结构试验研究

2.1　钢筋混凝土结构材料、构件与结构试验研究

2.1.1　材料性能试验

2.1.1.1　锈蚀钢筋偏心拉拔试验

首先，搜集国内外已有试验数据[1-7]，经统计分析得出钢筋与混凝土黏结强度随锈蚀水平的退化规律，未曾发现重度锈蚀水平下的相关试验研究数据，接着参考国内外对于锈蚀钢筋与混凝土之间黏结强度的试验研究手段——电化学腐蚀，进行试验方案的设计，并给出试验方案及测试手段，最终得到黏结强度和锈蚀量之间的数学表达关系。

1）试验方案

试验方案：试件尺寸 150 mm×150 mm×150 mm，Φ14 拉拔钢筋总长度为 300 mm、黏结长度为 60 mm，共设计 60 个拉拔试件：考虑保护层厚度（20 mm、30 mm、40 mm、50 mm）及混凝土强度（C20、C30、C40）的变化，通过电化学腐蚀得到 5 种锈蚀程度（10%、15%、20%、25%、30%）的偏心拉拔试件。

2）试验目的

试验目的：综合考虑保护层厚度、混凝土强度等级及锈蚀水平，通过拉拔试验，得出重度锈蚀水平下（锈蚀量≥10%）黏结强度随锈蚀水平的退化规律。

3）试件制作过程

试件制作过程及试验照片（见图 2.1）如下：

（1）制作长度为 0.3 m 的钢筋试件 60 个并称重。

（2）制作 150 mm×150 mm×150 mm 模板并打孔，将钢筋固定于模板中。

（3）浇注混凝土并养护成型，拆模得到所需试验试件。

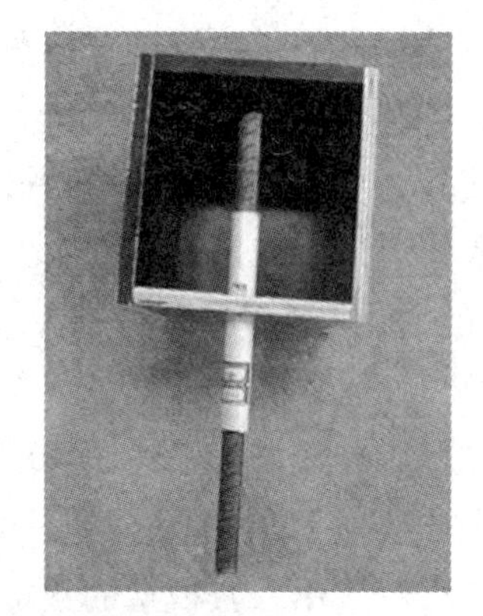

图 2.1　偏心拉拔试件的制作过程

2.1.1.2 氯离子侵蚀棱柱体抗压试验

众所周知，混凝土轴心受压应力—应变全曲线反映了混凝土最基本的力学性能，是研究钢筋混凝土结构的强度和变形的主要依据之一，特别是构件的弹塑性全过程分析，极限状态下的构件截面应力分布，对抗震和抗爆结构的延性等具有较大影响。

参考文献［8—10］，试验采用盐雾加速锈蚀方法对 36 个钢筋混凝土棱柱体内箍筋进行加速锈蚀，改变箍筋锈蚀影响因素（混凝土强度、配箍率、箍筋锈蚀率），对锈蚀箍筋约束混凝土进行单轴受压试验，研究混凝土在锈蚀箍筋约束情况下的材料性能变化，进而建立锈蚀箍筋约束混凝土的本构关系模型，为以后锈蚀构件、结构的抗震性能分析奠定基础。

1）试验方案

试验方案：试件尺寸 150 mm×150 mm×450 mm，箍筋体积配箍率分别为 1.87%、1.42%、1.07%，混凝土强度（C25、C30、C40）的变化，循环次数分别为 0、80、160、200 及 240 次。

2）试验目的

在国内，清华大学过镇海建立的矩形箍筋约束混凝土应力—应变全曲线模型[11]已经得到了大家的普遍认同，在工程实践中获得了广泛应用，其模型的数学表达如下：

$$y=\begin{cases}Ax+(3-2A)x^2+(A-2)x^3, & x\leqslant 1\\ \dfrac{x}{\alpha\,(x-1)^2+x}, & x\geqslant 1\end{cases} \tag{2-1}$$

$$x=\frac{\varepsilon}{\varepsilon_0},\ y=\frac{\sigma}{\sigma_0}$$

其中：

$$A=\frac{E_h\varepsilon_0}{\sigma_0},\ \alpha=\frac{\varphi}{(\varphi-1)^2},\ \varphi=\frac{\varepsilon_{0.5}}{\varepsilon_0}$$

式中，ε_0为应力—应变曲线的峰值应变；σ_0为曲线的峰值应力；E_h为混凝土初始弹性模量；α，φ为应力—应变曲线下降段参数；$\varepsilon_{0.5}$为曲线下降段最大应力下降50%时的极限点。

本专著基于过镇海模型[11]，给出考虑混凝土强度、配箍率、箍筋锈蚀率的混凝土单轴受压本构关系。

3）环境模拟效果

对比未锈蚀构件（左）与轻微锈蚀构件（中、右），可看到箍筋处有明显锈迹。箍筋锈蚀产物膨胀致使混凝土保护层开裂，裂缝产生于试件转角部位，且沿纵筋方向分布。其原因为氯离子在试件角部双向渗透且角部混凝土密实度较差，导致箍筋角部锈蚀程度相对严重，产生的锈胀力较大而箍筋间距较小，从而产生竖向裂缝；试件每个转角部位只产生一条竖向主裂缝，尽管个别转角部位的两个侧面均产生了竖向裂缝，但其中必有一条裂缝宽度很小，相对另一条竖向裂缝可忽略不计，这是由于混凝土材质不均匀以及浇筑方式等因素导致试件转角的两个侧面必有一个相对薄弱面，当锈胀力增大到一定程度时，相对薄弱面首先开裂，产生竖向主裂缝，另一个侧面则不产生裂缝或者裂缝宽度很小。

图2.2为不同循环次数下棱柱试件对比。

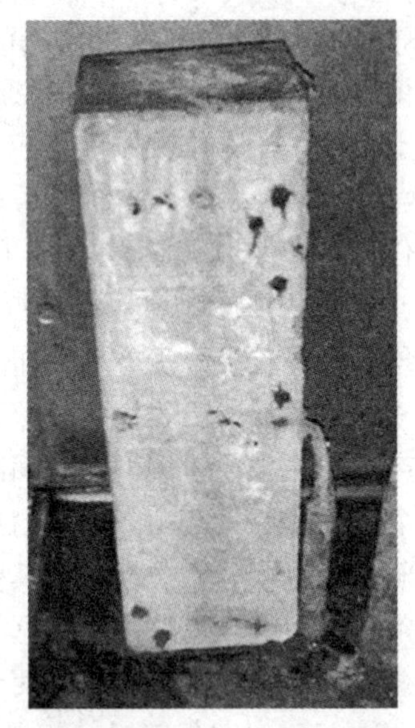

图 2.2　不同循环次数下棱柱试件对比（0 次与 120 次循环对比）

2.1.1.3　酸雨侵蚀棱柱体抗压试验

已有气象资料表明，西安地区酸雨 pH 值呈逐年减小趋势[12−16]，目前国内外学者对于酸雨侵蚀下钢筋混凝土(Reinforce Concrete，RC）结构的研究，主要停留在单一混凝土材料力学性能退化方面，而对于酸雨锈蚀的 RC 结构中钢筋的锈蚀预测却鲜有提及，参考已有约束本构试验方法，本小节针对酸雨侵蚀下约束混凝土本构关系进行了试验研究。

1）试验方案

试验方案：试件尺寸 150 mm×150 mm×450 mm，制作 36 个棱柱体，分别进行如下酸雨浸泡试验：

（1）将混凝土强度为 C40、配筋为 Φ6@60 的 12 个棱柱体放入 1 号箱中，进行 pH 为 4.5、SO_4^{2-} 根离子浓度为 0.002 mol/L 的酸雨试验。

（2）将混凝土强度为 C30、配筋为 Φ6@60 的 12 个棱柱体放入 2 号箱中，进行 pH 为 3、SO_4^{2-} 根离子浓度为 0.002 mol/L 的酸雨试验。

(3) 将混凝土强度为 C40、配筋为 Φ6@80 的 8 个棱柱体，放入 3 号箱中，进行 pH 为 3、SO_4^{2-} 根离子浓度为 0.006 mol/L 的酸雨试验。

(4) 将混凝土强度为 C40、配筋为 Φ8@80 的 4 个棱柱体，放入 4 号箱中，进行 pH 为 3、SO_4^{2-} 根离子浓度为 0.1 mol/L 的酸雨试验。

2) 试验目的

(1) 以混凝土强度、箍筋锈蚀量为指标，建立不同 pH、SO_4^{2-} 离子浓度下加速腐蚀速率之间的转化关系。

(2) 建立不同 pH、SO_4^{2-} 离子浓度下的约束混凝土本构关系，给出 pH、SO_4^{2-} 离子浓度对此本构关系的影响规律。

3) 试件制作过程

试件制作过程及试验照片（见图 2.3）如下：

(1) 将棱柱体放置于酸雨溶液中。

(2) 为保证所配制酸雨溶液 pH、SO_4^{2-} 离子浓度的恒定，须定时测量酸雨溶液中 pH 值与 SO_4^{2-} 离子浓度，并进行酸与盐的补给。

图 2.3　浸泡中的棱柱体、无水硫酸钠和 pH 计

2.1.1.4　冻融环境下材性试验

学者蔡昊[17]基于静水压力理论，结合损伤力学，经过试验验证，提出了以下混凝土冻融损伤模型：

$$D=1-\left[(1-D_0)^{\beta+1}-\frac{C(\beta+1)\sigma_{\max}^{\beta}}{E_0^{\beta}}N\right]^{\frac{1}{\beta+1}}\qquad(2-2)$$

该模型缺点为：①没有考虑到混凝土结构尺寸对温度场的影响；②最大静水压力显式的出现，导致应用的不便；③材料参数的求解需要通过混凝土抗拉试验得出，而实际工程中混凝土抗拉试验并不常见。

综上所述，虑及以上 3 点不足，本小节以蔡昊冻融损伤模型为理论基础，并考虑混凝土尺寸效应，进而得到适用于实际结构的混凝土冻融损伤模型。

1）试验方案

试验方案：设计混凝土 100 mm×100 mm×50 mm 试块 60 个，以水灰比和温度作为变量，测量不同温度下混凝土的结冰速率；设计不同水灰比和不同尺寸混凝土试块 5 个，放入正弦变化的周期性冻融环境中，测量不同冻融循环次数下的混凝土冻弹模量损失率；设计不同水灰比混凝土 ϕ200 mm×400 mm 圆柱体试件 5 个，放入正弦变化的周期性冻融环境中，在不同深度处预埋混凝土温度感应器，测量不同深度处的混凝土温度，用以计算混凝土导温系数。

2）试验目的

（1）建立混凝土结冰速率同水灰比和温度之间的关系。

（2）应用反演法，推算混凝土导温系数。

（3）建立混凝土构件冻融损伤模型。

3）试件制作过程

试件制作过程及试验照片（见图 2.4）如下：

（1）测定混凝土结冰速率同水灰比和温度关系试件的制作，如图 2.4（a）所示。

（2）混凝土导温系数测定试验试件制作，如图 2.4（b）所示。

（3）验证所建立损伤模型的可靠性试验试件制作，如图 2.4（c）所示。

（a）结冰速率试件制作

（b）圆柱体试件制作

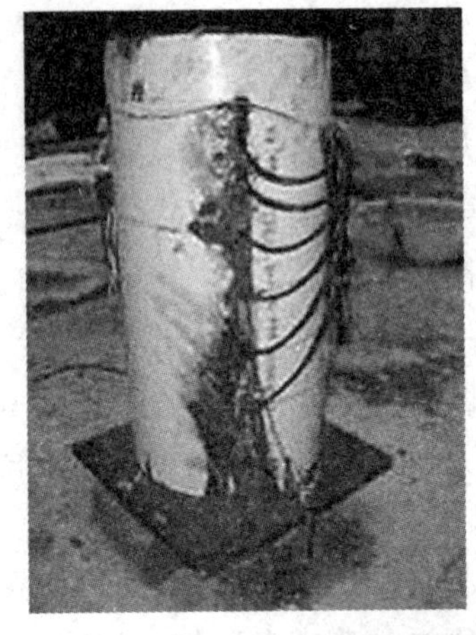

(c) 冻融循环损伤验证模型试件制作

图 2.4　冻融材性试验

2.1.2　构件试验

目前，研究锈蚀钢筋混凝土结构的主要手段为人工电化学锈蚀、自然暴露法、内掺氯盐加速腐蚀及人工大气加速腐蚀 4 种试验手段，其各有优缺点。电化学腐蚀优点在于钢筋锈蚀速度可人为控制，并可在短时间内达到预期锈蚀量，但与自然状态下混凝土中钢筋的锈蚀过程和现象差距较大，可以用于定性描述锈蚀量对结构性能的影响，但却不能定量地描述现实环境下锈蚀 RC 结构的性能退化规律。因此，采用人工电化学锈蚀方法仅可用于锈蚀 RC 结构性能退化规律趋势的探索，而并不能将其建立的定量规律应用于实际工程中。大多数学者采用人工电化学对既有钢筋混凝土构件进行了大量的试验研究，得出了一些定性的规律，为进一步地深入研究提供了一定的理论基础。对于将 RC 结构放置于自然状态下，使其自发锈蚀的试验研究手段，优点在于可以科学、真实地反映 RC 结构的实际锈蚀状况，但是由于影响 RC 结构性能的材料及环境的变异性很大，不同学者所使用的材料、所处的环境不尽相同，所以造成研究成果及试验数据的共享存在障碍，从而导致研究成果系统性及普遍适用性的缺失；加之耐久性试验耗时长、收益小，因此目前仅有几篇国外报道是采用自然环境腐蚀的试验手段，国内则未见此类报道。通常在混凝土中内掺氯盐并将其放置于自然环境下养护，然后再对试件进行试验研究的方法，称作“自然环境下加速腐蚀试验”，较自然暴露法腐蚀速度快，但试件养护周期长，腐蚀效果不明显，达到预期锈蚀量的时间长。针对以上加速腐蚀的研究现状，国内学者袁迎曙、金伟良等尝试采用人工气候的方法实现试件的加速腐蚀，将混凝土 RC 梁、柱等试件放置于试验箱中，通过设定程序实现周期温湿、高低温、盐雾等试验手段，模拟 RC 结构所处自然环境中诸参数。

综上所述，基于现有加速腐蚀试验手段，本试验采用效果较好的人工气候环境来实现 RC 结构的加速腐蚀；为缩短钢筋开始锈蚀的时间，保证加快腐蚀的效果，试验中在混凝土中内掺氯盐；虑及传统盐雾试验的腐蚀效果并不明显（缺点），结合干湿循环试验的优点，试验采用综合盐雾试验方法即在普通盐雾试验中加入干湿循环作用，促进了氯离子的渗透，更能体现沿海建筑的受侵蚀特点。加速腐蚀试验方法详述如下：

1）试验方案

为加快钢筋的锈蚀，浇注时向混凝土中加入水泥用量 5%质量分数的 NaCl，以达到破坏混凝土中钢筋表面钝化层的目的，从而加速混凝土中钢筋的锈蚀。

试件脱模以后将其放入标准养护室内（温度 20℃±3℃，相对湿度 95%）养护 28 d 取出，同时用环氧树脂将试件两端钢筋露出部分密封，调节盐雾箱内的温湿度条件，使之达到温度 35℃并恒定，然后将每组设计锈蚀率相同的试件放入气候模拟试验室内。为了加速混凝土试件的腐蚀速度，模拟干湿循环的实际环境。试验时采用先喷淋，然后盐雾，最后烘干的循环模拟方式，以 373 min（6.22 h）为周期，喷淋 3 min，35℃盐雾 180 min，60℃烘干 120 min，升温耗时 30 min，降温耗时 40 min，以保持气候模拟试验室内的盐雾浓度恒定。综合盐雾腐蚀实验室的盐雾氯离子浓度取为 5%，气候模拟试验室环境模拟参数设定如下：

溶液：NaCl 溶液质量分数 5%（中性盐雾试验），pH 为6～7。

喷淋：3 min（5%盐水）。

盐雾：气候箱内温度 35℃，进行喷雾，持续 3 h。

烘干：气候箱内温度升高至 60℃±2℃（风干），持续 2 h。

CO_2：浓度为 20%，保持试验箱内 CO_2 浓度始终处于 20%±3%。

温差：25℃，升降按照 0.8℃/min，则盐雾烘干转化时间设定为 30 min，降温耗时保守估计为 40 min，烘干盐雾转化时间设定为 40 min。

循环总次数：一天 24 h 共计 24÷6.22=3.86 个循环（包括升温及降温所用时间），62 天×3.86 个循环/天=240 个循环。

图 2.5 为干湿循环过程。图 2.6 为人工气候模拟试验室。

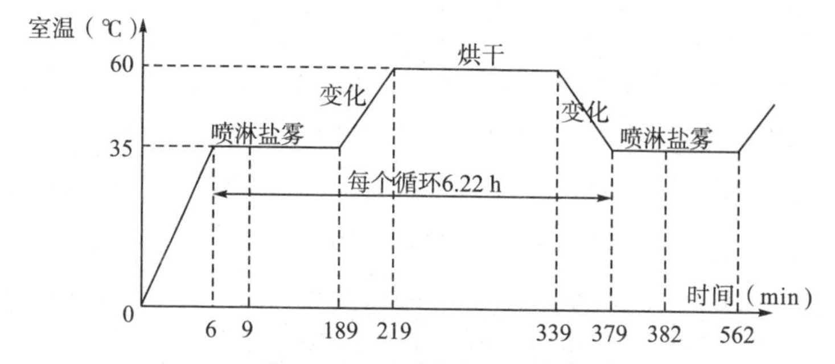

图 2.5　干湿循环过程示意

图 2.6　人工气候模拟试验室

2）试验材料

本批次构件所采用的混凝土配合比见表 2.1；混凝土与钢筋材料性能见表 2.2 和表 2.3，分别采用 DNS300 型电子万能材料试验机与 TYA-2000 型电液式压力试验机进行试验，如图 2.7 所示。

表 2.1　混凝土配合比　　单位：kg/m^3

混凝土强度	水泥品种	水泥	中砂	细石	水	减水剂	粉煤灰
C30	P. O32. 5R	320	870	870	135	11. 07	90

表 2.2　混凝土材料性能

混凝土强度	立方体抗压强度平均值 f_{cu}(MPa)	轴心抗压强度平均值 f_c(MPa)	弹性模量 E_c(MPa)
C30	27	18	3.0×10^4

表 2.3　钢筋材料性能

钢材种类	性能指标型号	屈服强度 f_y(MPa)	极限强度 f_u(MPa)	弹性模量 E_s(MPa)
箍筋 1	Φ6	270	428	2.1×10^5
箍筋 2	Φ8	285	418	2.1×10^5
纵筋 1	Φ14	337	517	2.0×10^5
纵筋 2	Φ16	326	506	2.0×10^5

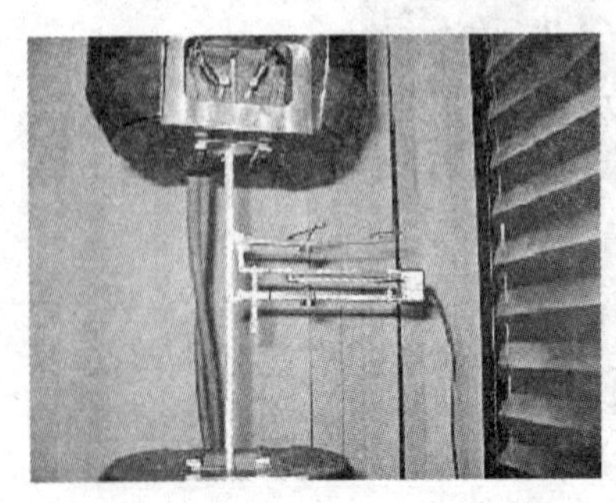

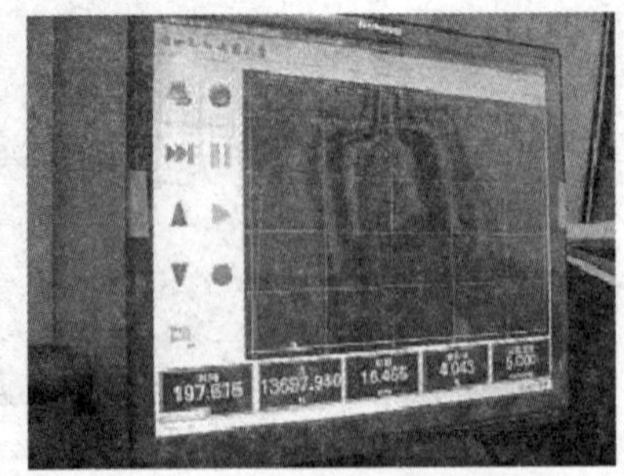

图 2.7　电子万能材料试验机和电液式压力试验机

柱试件纵向钢筋采用 HRB335 钢筋，箍筋采用 HPB235 钢筋。按照《金属拉伸试验方法》（GB 228—87）进行材性试验，其性能指标见表 2.3。

3）试件制作与环境模拟试验

RC 框架梁、柱、节点及剪力墙的试件制作及人工气候模拟过程，如图 2.8 所示。

图 2.8　近海大气环境 RC 试件的制作及人工气候模拟过程

2.1.2.1　近海环境下 RC 框架梁试验

目前，国内外研究钢筋混凝土梁的结构性能大多采用单调加载，对近海环境下钢筋混凝土抗震性能试验研究还比较少。Kiyoshi Okada 等[18]通过喷洒盐水的方法使混凝土梁中的钢筋发生锈蚀，进行了低周往复荷载试验。结果表明，在循环荷载作用下，出现纵向裂缝的锈蚀钢筋混凝土梁承载力较无锈蚀梁降低速度快；同时，给出了施加荷载与位移的滞回曲线，对滞回曲线进行了分析。Kobayashi[19]进行了锈蚀钢筋混凝土梁的反复加载试验，试验对比了未锈蚀梁和锈蚀梁在单调加载和反复加载下的裂缝出现情况，反复加载之后，在梁的纯弯端钢筋混凝土梁的混凝土表层出现严重裂缝；同时，给出了施加荷载与钢筋混凝土梁位移之间的滞回曲线，随着锈蚀程度的提高，钢筋混凝土梁的位移延性能力、抗弯能力和耗能能力降低。在这个试验中，试件被设计成抗剪能力远大于相应于抗弯能力剪力的试件。在地震作用下，反向反复加载使混凝土顶部和下部产生裂缝，在高延性需求下，裂缝延伸到中心轴，随后严重削弱了混凝土的抗剪能力。因此，在地震条件下，对于钢筋混凝土梁，横向钢筋的锈蚀比在单调加载情况下更重要。Yu－Chen Ou，Li－Lan Tsai 和 Hou－Heng Chen[20]进行了 9 根大尺寸锈蚀钢筋混凝土梁的低周反复加载试验，来测试锈蚀钢筋混凝土梁的抗震性能。循环加载试验结果显示：随着锈蚀水平的增加，梁的极限位移、延性、塑性转动能力和耗能先增加后减小；梁的破坏模式由弯曲破坏变成弯剪破坏，弯曲破坏主要是由于纵筋的屈曲引起的，弯剪破坏主要是由于箍筋的破坏引起的。锈蚀使剪切变形和塑性铰区的塑性传播增加。基于纵筋最大孔蚀深度的经验公式评估的残余抗弯强度，与实验值比较接近。陈厚亨[21]进行了 7 根大尺寸锈蚀箍筋混凝土梁的低周反复加载试验。其中一根梁用于对照，其余 6 根梁用于电化学加速锈蚀试验。试验研究发现：梁的极限强度、极限位移、耗能、塑性转角随着锈蚀程度的增加而下降；而延性会随着锈蚀程度的增加，先微幅增大，然后显著下降。

1）试验方案

虽然 Kiyoshi Okada 等[18]，Kobayashi[19]，Yu－Chen Ou，Li－Lan Tsai 和 Hou－Heng Chen[20]，陈厚亨[21]都进行了锈蚀钢筋混凝土梁抗震性能试验研究，但他们试验设计参数单一，所有梁构件的配筋和尺寸相同，仅仅考虑梁随着锈蚀程度改变抗震性能的变化，而没有考虑其他参数的变化对锈蚀钢筋混凝土梁抗震性能的影响。综合国内外文献，本试验设计和制作锈蚀钢筋混凝土梁试件 16 根，分别为 5 根剪跨比为 5 的 RC 框架梁，11 根剪跨比为 2.5 的 RC 框架短梁，进行近海气候环境下 RC 框架梁低周反复荷载试验。其中剪跨比为 2.5 的 RC 框架短梁，同时还考虑了箍筋配筋率的变化对锈蚀钢筋混凝土梁抗震性能的影响。

2）试验目的

本次试验目的重点在于研究不同剪跨比框架梁中纵筋的不同锈蚀程度对框架梁破坏模式、极限位移、延性、塑性转动能力、极限耗能能力以及极限变形能力的影响；由梁柱交接面测计测得截面平均曲率和平均剪应变，得到梁柱交界面的 $M—\varphi$ 和 $P—\gamma$ 的滞回关系曲线；由近临界断面区域（暂定为 3 个测区）测得相应区域平均曲率和平均剪应变，得到相应区域曲率和平均剪应变随锈蚀程度的变化关系，从而得到塑性铰区域的剪切变形和长度随锈蚀程度的变化规律。人工气候加速腐蚀情况下，塑性铰区域的钢筋锈蚀导致此区段内混凝土保护层脱落及核心约束混凝土强度与延性的衰减，致使构件滞回性能的衰减，通过试验结果能够得到它们之间的关系，并建立相应循环加载作用下极限滞回耗能以及变形能力随循环次数的变化关系。通过试验结果并结合现有理论成果，对所建立的局部锈蚀钢筋混凝土梁抗震性能衰减模型参数（恢复力模型参数）进行分析说明，得到模型参数随锈蚀率变化的拟合规律。

3）试件制作过程及腐蚀效果

试件制作过程及试验照片，如图 2.8 所示。

经过 120 个循环后，构件表面产生了明显的裂缝，裂缝沿纵筋不断开展。

2.1.2.2 近海环境下 RC 框架柱试验

国内学者牛荻涛、贡金鑫、袁迎曙、张伟平及金伟良等通过电化学腐蚀，研究了纵筋锈蚀水平对 RC 框架柱抗震性能的影响；牛荻涛也对仅考虑箍筋锈蚀 RC 框架柱的抗震性能进行了试验研究。国外学者对锈蚀 RC 柱抗震性能研究较少，主要研究锈蚀 RC 梁的静力性能。

鉴于国内外学者并未对高轴压比和低剪跨比 RC 框架柱的抗震性能进行试验研究，因此本节主要研究对高轴压比下锈蚀 RC 长柱的抗震性能和低剪跨比锈蚀 RC 短柱的抗震性能进行试验研究。

1）试验方案

（1）剪跨比为 1 的短柱试件尺寸为：截面 200 mm×200 mm，柱高为 600 mm；3 种配筋水平：Φ6@60、Φ6@80 及 Φ6@100；5 种循环水平：0、80、160、200、240 次；构件数量为 15 个。

（2）剪跨比为 2 的长柱试件尺寸为：截面 200 mm×200 mm，

柱高为 1100 mm；3 种轴压比水平：0.5、0.6 及 0.7；5 种循环水平：0、80、160、200、240 次；构件数量为 15 个。

2）试验目的

（1）研究短柱的破坏模式及抗震性能随循环次数的变化规律，加载完毕后将试件破碎称得纵筋与箍筋的质量损失。

（2）研究不同循环次数下，高轴压比 RC 框架柱的抗震性能，加载完毕后将试件破碎称得纵筋与箍筋的质量损失。

3）试件制作过程

试件制作过程及试验照片，如图 2.8 所示。

2.1.2.3　近海环境下 RC 框架节点试验

现有 RC 框架结构数值模型[22]中，通常将节点当作刚性，并不考虑节点核心区域的剪切变形，但随着龄期的增长，材料性能的退化导致结构刚度及承载力的退化，此时将节点当作刚性，将会过高估计结构的抗震性能。目前，国内外对于锈蚀节点的研究相对较少，得到结论多为偏于定性描述。因此，本节在参考已有锈蚀构件试验方案的基础之上，对锈蚀 RC 框架节点的抗震性能进行试验研究，旨在得到 RC 框架梁柱节点的恢复力模型，并给出恢复力模型参数与锈蚀率的定量关系，且确定损伤指标，最终进行锈蚀节点及内嵌此节点模型的 RC 框架结构的易损性分析。通过改变模型参数，进行锈蚀节点易损性的多因素敏感性分析。

1）试验方案

取左右梁及上下柱反弯点之间的梁柱组合体为对象，试件几何缩比 1∶3，梁的截面尺寸为 150 mm×250 mm，柱的截面尺寸为 200 mm×200 mm；混凝土强度均为 C40，纵筋均采用 HRB335，箍筋均采用 HPB235。考虑不同轴压比（0.1、0.3、0.5）及不同剪压比（0.21、0.17）水平下的试件 15 个，置于西安建筑科技大学人工气候试验室进行综合盐雾试验，循环次数定为 0、80、160 及 240 次，以期得到不同锈蚀程度（轻微、中度、重度）的试件。

2）试验目的

研究梁柱节点不同锈蚀水平、不同轴压比与剪压比的梁柱组合体整体及核心区极限耗能能力以及极限变形能力的退化；箍筋与纵筋的锈蚀膨胀，产生锈蚀裂缝，导致混凝土保护层脱落及核心约束混凝土强度与延性的衰减，致使构件滞回性能的衰减，建立相应循环加载作用下极限滞回耗能以及变形能力与锈蚀程度的关系，得出不同锈蚀水平下节点的恢复力模型参数及损伤指标随锈蚀程度的退化规律。

3）试件制作过程

试件制作过程及试验照片，如图 2.8 所示。

2.1.2.4 近海环境下 RC 剪力墙试验

钢筋混凝土剪力墙是一种广泛用于高层建筑中的抗侧力构件，其抗震性能的优劣对整个房屋的抗震性能影响极大。目前，国内外对剪力墙的研究主要集中在剪力墙设计参数，包括高宽比、轴压比、混凝土强度、边缘约束构件（暗柱、翼缘柱、端柱及转角柱）及配筋率等对剪力墙抗震性能的影响，但是关于剪力墙耐久性方面的研究很少，所以很有必要对不同龄期和不同环境作用下的剪力墙试件进行抗震性能研究。随着结构龄期的改变，结构所处的各种环境，钢筋混凝土剪力墙的性能会有不同程度的退化。影响混凝土结构耐久性的因素很多，而钢筋锈蚀是其中最重要的因素。包裹在混凝土中的钢筋在一定条件下发生锈蚀，随着锈蚀的加剧，将导致混凝土产生沿钢筋的裂缝，严重者将导致混凝土保护层剥落，从而使钢筋与混凝土之间的黏结性能退化；同时钢筋的截面面积减小，力学性能退化，使结构构件受到不同程度的损伤。这些损伤必然对构件的抗震性能造成影响。本次试验旨在研究不同剪跨比、不同轴压比、不同龄期的剪力墙抗震性能（强度、刚度、延性及耗能）的退化，从而为建立不同龄期剪力墙构件的折减恢复力模型提供试验基础。

1）试验方案

本次试验共设计了 30 榀 RC 剪力墙，试件截面尺寸均为 700 mm×100 mm，其中墙高为 700 mm 的剪力墙 15 榀，墙高为 1400 mm 的剪力墙 15 榀。低矮剪力墙和高剪力墙都同时考虑了 0.1、0.2 和 0.3 三种轴压比，Φ6@100、Φ6@150、Φ6@200 三种横向分布钢筋，4Φ8、4Φ10、4Φ12 三种暗柱纵向钢筋，Φ6@100、Φ6@100、Φ6@100 三种暗柱箍筋，0 d、10 d、20 d、30 d、40 d、50 d 六种龄期对剪力墙抗震性能的影响。

2）试验目的

（1）观测记录构件开裂荷载、屈服荷载、峰值荷载、极限荷载值及其相应的位移值，并与现有计算理论计算所得结果进行对比分析。

（2）观测记录循环加载后构件的极限位移与极限荷载，并绘制荷载—变形曲线、滞回曲线和骨架曲线。

（3）根据观察记录试验结果得到构件的破坏形态、抗震性能（包括构件的强度、刚度、延性以及极限耗能）的退化规律。

3）试件制作过程

由于盐雾试验箱尺寸（3.5 m×2.5 m×2 m）和重量的限制，以及防止试件底梁被腐蚀而影响剪力墙的破坏状态，在进行试件制作时采用底梁后浇法来施工，即先浇注墙板，养护 28 d 后对墙板进行腐蚀，然后对底梁进行支模，在指定位置安装墙板，最后浇注混凝土［见图 2.9（a）、图 2.9（b）］。于 2013 年 9 月1 日完成了剪力墙试件的制作，如图 2.9（c）所示，标准养护 28 d 后进行盐雾腐蚀试验。

(a) 0.7 m墙模板

(b) 1.4 m墙模板

(c) 浇筑后混凝土剪力墙

图2.9　混凝土剪力墙制作流程

4) 腐蚀效果及现象描述

于2013年9月28日，标准养护达到28 d，通过西安建筑科技大学抗震实验室人工气候实验系统将4片低矮剪力墙进行盐雾腐蚀，至2013年11月18日，盐雾腐蚀累计时间为35 d，共140次循环。试验现象描述如下：

(1) 如图2.10所示，经过不同龄期的盐雾腐蚀后，4片剪力墙表面都出现了不同程度的锈蚀产物。

(a) 0 d 盐雾腐蚀

(b) 10 d 盐雾腐蚀

(c) 20 d 盐雾腐蚀

(d) 30 d 盐雾腐蚀

(e) 35 d 盐雾腐蚀

图 2.10　不同龄期剪力墙盐雾腐蚀试验现象

(2) 通过图 2.10 (a) ～ (e) 对比发现，随着盐雾腐蚀时间的加长，剪力墙锈蚀越来越严重，并出现了一系列的锈蚀膨胀裂纹。

(3) 如图 2.10 (d) 所示，剪力墙暗柱沿纵筋方向和沿横向分布钢筋方向锈蚀较剪力墙其他部位锈蚀严重。

(4) 如图 2.10 (e) 所示，锈蚀膨胀裂纹主要出现在暗柱沿纵筋方向和沿横向分布钢筋方向。

2.2 钢结构材料、构件与结构试验研究

2.2.1 试件制作

为模拟钢材锈蚀对钢试件的力学与抗震性能的影响，完成264个钢材标准拉伸试件制作，其中模拟近海大气环境96个、酸性大气环境72个、恒温湿热环境96个；完成26个框架梁制作，其中模拟近海大气环境8个、酸性大气环境10个、恒温湿热环境8个；完成32个框架柱制作，其中模拟近海大气环境10个、酸性大气环10个、恒温湿热环境12个；完成43个框架节点制作，其中模拟近海大气环境9个、酸性大气环境24个、恒温湿热环境10个。

2.2.2 材料性能试验

2.2.2.1 近海大气环境下钢材拉伸试验

钢材自身耐腐蚀性较差，须对其进行防腐保护，但在使用过程中钢材锈蚀情况随处可见，尤其是在近海大气环境作用下，结构不可避免会发生一定程度的锈蚀。

1）试验方案

试验方案：钢材标准试件；5%中性氯化钠溶液；周期分别为480 h、960 h和1440 h。

2）试验目的

测定钢结构材料在近海大气环境中锈蚀后的力学性能指标，即屈服强度、极限强度、屈强比和伸长率，以及这些性能指标随着锈蚀程度加剧的变化规律。

3）环境模拟效果

随着钢材锈蚀程度增加，钢材表皮鼓起并逐渐脱落，且不均匀锈蚀现象不明显，如图 2.11 所示。

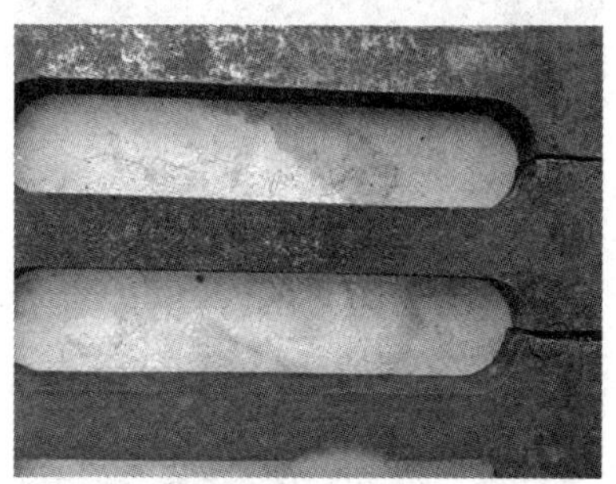

图 2.11　钢材在近海大气环境作用下的锈蚀模拟结果

2.2.2.2　酸性大气环境下钢材拉伸试验

已有气象资料表明，城市酸雨 pH 值呈逐年减小趋势，目前国内外学者对于酸雨环境下钢材锈蚀的研究较少，本节针对酸雨环境下钢材本构关系进行了试验研究。

1）试验方案

试验方案：钢材标准试件；溶液 pH 值应调整至 3.5±0.1；周期分别为 480 h、960 h 和 1440 h。

2）试验目的

测定钢结构材料在酸性大气环境中锈蚀后的力学性能指标，

即屈服强度、极限强度、屈强比和伸长率，以及这些性能指标随着锈蚀程度加剧的变化规律。

3）环境模拟效果

随着钢材锈蚀程度增加，钢材表皮鼓起并逐渐脱落，且不均匀锈蚀现象不明显，如图 2.12 所示。

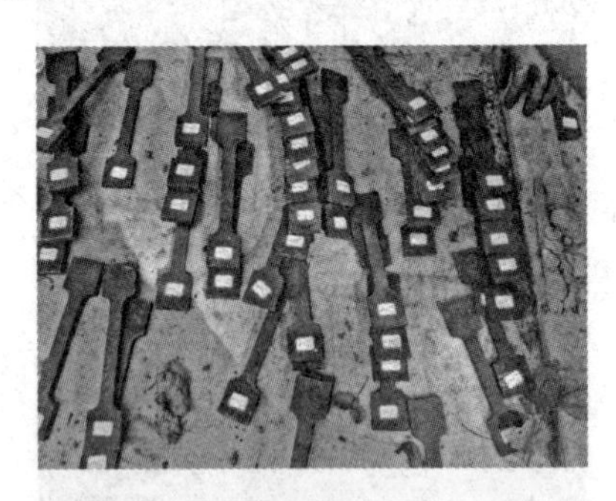

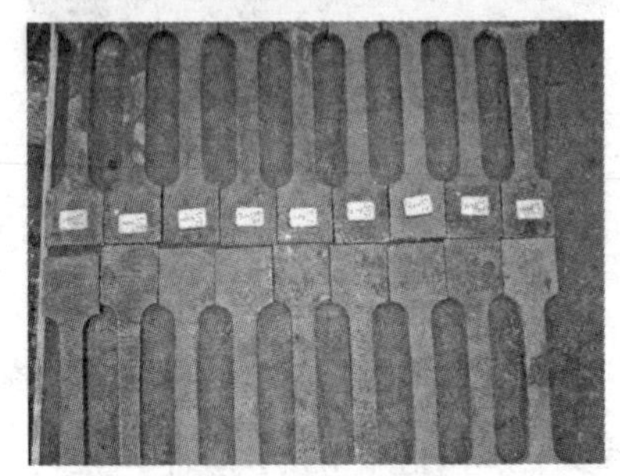

图 2.12　钢材在酸性大气环境作用下的锈蚀模拟结果

2.2.3　构件性能试验

2.2.3.1　近海大气环境下钢构件试验

钢材自身耐腐蚀性较差，须对其进行防腐保护，但在使用过程中钢材锈蚀情况随处可见，尤其是在近海大气环境作用下，结构不可避免会发生一定程度的锈蚀。但国内外尚无对钢构件近海大气环境锈蚀后的力学与抗震性能研究。

1）试验方案

试验方案：钢框架梁、柱、节点；溶液 pH 值应调整至 3.5±0.1；周期分别为 480 h、960 h 和 1440 h。

2）试验目的

测定钢结构构件在近海大气环境中锈蚀后的滞回性能，以及滞回性能指标随着锈蚀程度加剧和加载制度不同的变化规律。

3）环境模拟效果

随着钢材锈蚀程度增加，钢构件表皮鼓起并逐渐脱落，且不均匀锈蚀现象不明显，如图 2.13 所示。

图 2.13　钢构件在近海大气环境作用下的锈蚀模拟结果

2.2.3.1 酸性大气环境下钢构件试验

钢材自身耐腐蚀性较差，须对其进行防腐保护，但在使用过程中钢材锈蚀情况随处可见，结构不可避免会发生一定程度的锈蚀。但国内外尚无对钢构件酸性环境锈蚀的力学与抗震性能研究。

1）试验方案

试验方案：钢框架梁、柱、节点；5％中性氯化钠溶液；周期分别为 480 h、960 h 和 1440 h。

2）试验目的

测定钢结构构件在酸性大气环境中锈蚀后的滞回性能，以及滞回性能指标随着锈蚀程度加剧和加载制度不同的变化规律。

3）环境模拟效果

随着钢材锈蚀程度增加，钢构件表皮鼓起并逐渐脱落，且不均匀锈蚀现象不明显，如图 2.14 所示。

图 2.14　钢构件在酸性大气环境作用下的锈蚀模拟结果

2.2.4　试件加载试验

2.2.4.1　近海大气环境下钢材材性拉伸试验

钢材自身耐腐蚀性较差，须对其进行防腐保护，但在使用过程中钢材锈蚀情况随处可见，尤其是在近海大气环境作用下，结构不可避免会发生一定程度的锈蚀。

1）试验方案

试验方案：钢材标准试件；单项拉伸；速率为 5 mm/s。

2）试验目的

测定钢结构材性在近海大气环境中锈蚀后的力学性能指标，即屈服强度、极限强度、屈强比和伸长率，以及这些性能指标随着锈蚀程度加剧的变化规律。

3）试件破坏过程与现象

随着钢材应变增加，钢材材性试件出现颈缩现象，随后发生突然断裂，如图 2.15 所示。总体试验结果显示，随着锈蚀程度的增加，试件延性明显降低，屈服应力与极限应力降低。

图 2.15　锈蚀钢材试件拉伸试验破坏情况

2.2.4.1　近海大气环境下钢构件拟静力试验

钢材自身耐腐蚀性较差，须对其进行防腐保护，但在使用过程中，钢材锈蚀情况随处可见，尤其是在近海大气环境作用下，结构不可避免会发生一定程度的锈蚀。但国内外尚无对钢构件近海大气环境锈蚀后的力学与抗震性能研究。

1）试验方案

试验方案：钢框架梁、柱、节点；拟静力试验。

2）试验目的

测定钢结构构件在近海大气环境中锈蚀后的滞回性能，以及滞回性能指标随着锈蚀程度加剧和加载制度不同的变化规律。

3）构件破坏过程与现象

随着钢框架梁、柱、节点的塑性变形的发展，试件承载力明显降低，且随着锈蚀程度的增加，钢材断裂现象越发的明显，如图 2.16 所示。

图 2.16　钢构件在近海大气环境作用下的锈蚀模拟结果

2.3 砌体结构试验研究

2.3.1 材料性能试验

2.3.1.1 酸雨及冻融环境下砂浆的抗压强度试验

1）试验方案

采用水泥、石灰膏、粉煤灰、河砂、高效减水剂等主要原材料分别制作水泥砂浆试块、石灰砂浆试块及粉煤灰砂浆试块，抗压试块尺寸为 70.7 mm × 70.7 mm × 70.7 mm，考虑强度（M7.5、M10 和 M15）及材料组分的变化，经不同腐蚀循环次数作用后的砂浆抗压试块（见图 2.17），共计 378 个。

图 2.17 砂浆抗压试块

2）试验目的

研究材料力学性能随腐蚀时间的劣化规律，分别建立砂浆在酸雨及冻融作用下损伤本构模型。

3）试件制作过程

（1）按照试验规定配合比，见表 2.4。经搅拌机搅拌配制符合实验要求的砂浆，操作步骤严格遵守相关规范。

表 2.4　砂浆试验参数一览

砂浆种类	强度等级	配合比				粉煤灰占胶凝材料的比例	试块数量	冻融循环次数
		水泥	河砂	石灰膏	水			
水泥砂浆（CEM）	M7.5	1	6.3	—	0.8	—	3×7	0，10，20，40，60，80，100
	M10	1	5.37	—	0.8	—	3×7	
	M15	1	4.53	—	0.8	—	3×7	
混合砂浆（LIM）	M10	1	5.3	0.2	0.8	—	3×7	0，10，20，40，60，80，100
	M10	1	5.3	0.3	0.8	—	3×7	
	M10	1	5.3	0.4	0.8	—	3×7	
粉煤灰砂浆（FAM）	M10	1	5.37	—	0.8	20%	3×7	0，10，20，40，60，80，100
	M10	1	5.37	—	0.8	30%	3×7	
	M10	1	5.37	—	0.8	40%	3×7	

（2）采用塑料模盒，用钢制捣棒人工振捣后在室温为 20℃±5℃的环境下静置 24 h±2 h，然后对试件进行编号、拆模。试件拆模后立即放入温度为 20℃±2℃、相对湿度为 90%以上的标准养护室中养护。

2.3.1.2　酸雨及冻融环境下混凝土普通砖砌体抗压强度试验

1）试验方案

根据国家规范《砌体基本力学性能试验方法标准—2011》

《砌体结构设计规范—2011》的规定，试件尺寸为 365 mm×240 mm×746 mm，高厚比为 3，砌筑灰缝取 10 mm，分别采用水泥砂浆、混合砂浆及粉煤灰砂浆 3 种建筑砂浆砌筑砖砌体抗压试件，经酸雨及冻融两种环境腐蚀作用，7 种腐蚀循环水平（0、20、40、60、80、100、120），构件总数 126 个。详细信息见表 2.5 和表 2.6。

表 2.5　酸雨大气环境作用下的砌体抗压试件一览

砂浆种类	0 次酸雨腐蚀循环	10 次酸雨腐蚀循环	20 次酸雨腐蚀循环	40 次酸雨腐蚀循环	60 次酸雨腐蚀循环	80 次酸雨腐蚀循环	100 次酸雨腐蚀循环
水泥砂浆	CEMSA	CEMSA−1	CEMSA−2	CEMSA−3	CEMSA−4	CEMSA−5	CEMSA−6
	CEMSB	CEMSB−1	CEMSB−2	CEMSB−3	CEMSB−4	CEMSB−5	CEMSB−6
	CEMSC	CEMSC−1	CEMSC−2	CEMSC−3	CEMSC−4	CEMSC−5	CEMSC−6
混合砂浆	LIMSA	LIMSA−1	LIMSA−2	LIMSA−3	LIMSA−4	LIMSA−5	LIMSA−6
	LIMSB	LIMSB−1	LIMSB−2	LIMSB−3	LIMSB−4	LIMSB−5	LIMSB−6
	LIMSC	LIMSC−1	LIMSC−2	LIMSC−3	LIMSC−4	LIMSC−5	LIMSC−6
粉煤灰砂浆	FAMSA	FAMSA−1	FAMSA−2	FAMSA−3	FAMSA−4	FAMSA−5	FAMSA−6
	FAMSB	FAMSB−1	FAMSB−2	FAMSB−3	FAMSB−4	FAMSB−5	FAMSB−6
	FAMSC	FAMSC−1	FAMSC−2	FAMSC−3	FAMSC−4	FAMSC−5	FAMSC−6

表 2.6　冻融大气环境作用下的砌体抗压试件一览

砂浆种类	0 次冻融循环	10 次冻融循环	20 次冻融循环	40 次冻融循环	60 次冻融循环	80 次冻融循环	100 次冻融循环
水泥砂浆	CEMSA	CEMSA−1	CEMSA−2	CEMSA−3	CEMSA−4	CEMSA−5	CEMSA−6
	CEMSB	CEMSB−1	CEMSB−2	CEMSB−3	CEMSB−4	CEMSB−5	CEMSB−6
	CEMSC	CEMSC−1	CEMSC−2	CEMSC−3	CEMSC−4	CEMSC−5	CEMSC−6
混合砂浆	LIMSA	LIMSA−1	LIMSA−2	LIMSA−3	LIMSA−4	LIMSA−5	LIMSA−6
	LIMSB	LIMSB−1	LIMSB−2	LIMSB−3	LIMSB−4	LIMSB−5	LIMSB−6
	LIMSC	LIMSC−1	LIMSC−2	LIMSC−3	LIMSC−4	LIMSC−5	LIMSC−6

续表2.6

砂浆种类	0次冻融循环	10次冻融循环	20次冻融循环	40次冻融循环	60次冻融循环	80次冻融循环	100次冻融循环
粉煤灰砂浆	FAMSA	FAMSA−1	FAMSA−2	FAMSA−3	FAMSA−4	FAMSA−5	FAMSA−6
	FAMSB	FAMSB−1	FAMSB−2	FAMSB−3	FAMSB−4	FAMSB−5	FAMSB−6
	FAMSC	FAMSC−1	FAMSC−2	FAMSC−3	FAMSC−4	FAMSC−5	FAMSC−6

2）试验目的

研究砖砌体抗压性能指标随着腐蚀时间的劣化规律，分别建立砖砌体在酸雨及冻融作用下损伤本构模型。

3）试件制作过程

试件尺寸及应变片分布如图 2.18 所示，试件实物如图 2.19 所示。

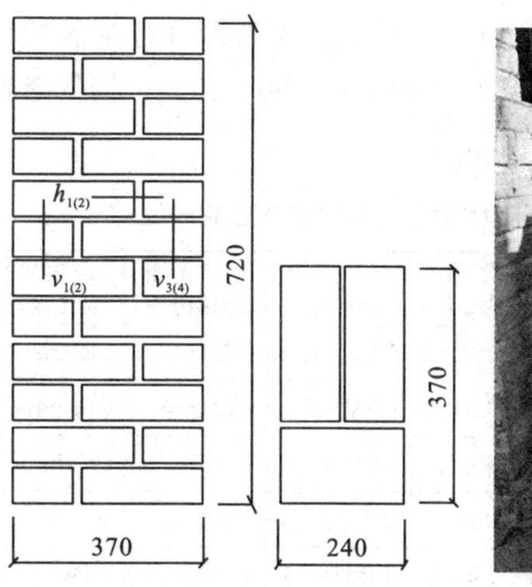

图 2.18 砌体抗压试件尺寸及应变片分布（单位：mm，下同）

图 2.19 砖砌体抗压试件

2.3.1.3 酸雨及冻融环境下混凝土普通砖砌体抗剪强度试验

1）试验方案

根据国家规范《砌体基本力学性能试验方法标准—2011》《砌体结构设计规范—2011》的规定，设计制作 9 块砖组成的双剪试件，尺寸为 365 mm×240 mm×180 mm。混凝土普通砖砌体抗剪试件分别采用水泥砂浆、混合砂浆及粉煤灰砂浆 3 种不同组分的建筑砂浆，经酸雨循环机冻融循环作用。为保证试验结果的准确性，每种类型制作 3 个相同试件，取其平均值作为最后试验值。

试件尺寸为 365 mm×240 mm×746 mm，高厚比为 3，砌筑灰缝取 10mm，分别采用水泥砂浆、混合砂浆及粉煤灰砂浆 3 种建筑砂浆砌筑砖砌体抗剪试件，经酸雨及冻融两种环境腐蚀作用，6 种腐蚀循环水平（0、20、40、60、80、100），构件总数 108 个。详细信息见表 2.7 和表 2.8。

表 2.7 酸雨大气环境作用下的砌体抗剪试件一览

砂浆种类	0 次酸雨腐蚀循环	20 次酸雨腐蚀循环	40 次酸雨腐蚀循环	60 次酸雨腐蚀循环	80 次酸雨腐蚀循环	100 次酸雨腐蚀循环
水泥砂浆	CEMSA	CEMSA−1	CEMSA−2	CEMSA−3	CEMSA−4	CEMSA−5
	CEMSB	CEMSB−1	CEMSB−2	CEMSB−3	CEMSB−4	CEMSB−5
	CEMSC	CEMSC−1	CEMSC−2	CEMSC−3	CEMSC−4	CEMSC−5
混合砂浆	LIMSA	LIMSA−1	LIMSA−2	LIMSA−3	LIMSA−4	LIMSA−5
	LIMSB	LIMSB−1	LIMSB−2	LIMSB−3	LIMSB−4	LIMSB−5
	LIMSC	LIMSC−1	LIMSC−2	LIMSC−3	LIMSC−4	LIMSC−5
粉煤灰砂浆	FAMSA	FAMSA−1	FAMSA−2	FAMSA−3	FAMSA−4	FAMSA−5
	FAMSB	FAMSB−1	FAMSB−2	FAMSB−3	FAMSB−4	FAMSB−5
	FAMSC	FAMSC−1	FAMSC−2	FAMSC−3	FAMSC−4	FAMSC−5

表 2.8 冻融大气环境作用下的砌体抗剪试件一览

砂浆种类	0 次冻融循环	20 次冻融循环	40 次冻融循环	60 次冻融循环	80 次冻融循环	100 次冻融循环
水泥砂浆	CEMSA	CEMSA−1	CEMSA−2	CEMSA−3	CEMSA−4	CEMSA−5
	CEMSB	CEMSB−1	CEMSB−2	CEMSB−3	CEMSB−4	CEMSB−5
	CEMSC	CEMSC−1	CEMSC−2	CEMSC−3	CEMSC−4	CEMSC−5
混合砂浆	LIMSA	LIMSA−1	LIMSA−2	LIMSA−3	LIMSA−4	LIMSA−5
	LIMSB	LIMSB−1	LIMSB−2	LIMSB−3	LIMSB−4	LIMSB−5
	LIMSC	LIMSC−1	LIMSC−2	LIMSC−3	LIMSC−4	LIMSC−5
粉煤灰砂浆	FAMSA	FAMSA−1	FAMSA−2	FAMSA−3	FAMSA−4	FAMSA−5
	FAMSB	FAMSB−1	FAMSB−2	FAMSB−3	FAMSB−4	FAMSB−5
	FAMSC	FAMSC−1	FAMSC−2	FAMSC−3	FAMSC−4	FAMSC−5

2）试验目的

研究砖砌体抗剪性能指标随着腐蚀时间的劣化规律，分别建立砖砌体抗剪强度与酸雨及冻融循环次数之间的关系。

3）试件制作过程

双剪试件及其受力情况如图 2.20 所示，试件实物如图 2.21 所示。

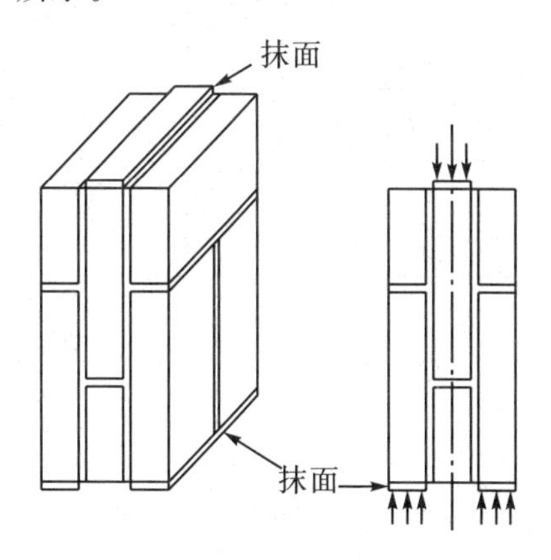

图 2.20 双剪试件及其受力情况

图 2.21 砖砌体抗剪试件

2.3.2 构件试验

2.3.2.1 酸雨及冻融作用下砖砌墙片试验

1）试验方案

试验采用混凝土普通砖，尺寸规格为 240 mm×115 mm×53 mm，强度等级为 MU15，砂浆分别采用 M10 的水泥砂浆、石灰砂浆及粉煤灰砂浆。考虑到试验主要研究混凝土普通砖墙片的冻融大气环境下的耐久性，故混凝土普通砖墙片厚度为 120 mm，构造柱的尺寸为 120 mm×120 mm，圈梁的尺寸为 120 mm×150 mm。主墙片尺寸为 1250 mm×756 mm，辅助墙片尺寸见表 2.9 和表 2.10，墙厚 120 mm。地梁以及顶梁混凝土强度均为 C30，墙片地梁上下均配置 2Φ20 钢筋。构造柱配筋：纵筋 4Φ6，箍筋 Φ4@100；圈梁配筋 4Φ6，箍筋 Φ4@100。6 种腐蚀循环水平（0、40、80、120、160、200），试件总数 72 个。详细信息见表 2.9～表 2.13。

表 2.9 混凝土普通砖墙片构件材料

构件	砖	砂浆	混凝土	纵筋	箍筋
墙体	MU15	MU10	C30	—	—
构造柱	—	—	C30	Φ6（Ⅰ级）	Φ4（铁丝）
圈梁	—	—	C30	Φ6（Ⅰ级）	Φ4（铁丝）
地梁	—	—	C30	Φ20	Φ20

表 2.10　酸雨环境腐蚀下混凝土普通砖单墙片参数

试件编号	砂浆种类	高度（mm）	宽度（mm）	砖块个数	轴压比	高宽比	试件个数	循环次数	厚度（mm）	圈梁尺寸（mm）	构造柱尺寸（mm）
WR－1	水泥砂浆	756	1250	60	0.8	0.6	1	0	120	150×120	120×120
WR－2		756	1250	60	0.8	0.6	1	40	120	150×120	120×120
WR－3		756	1250	60	0.8	0.6	1	80	120	150×120	120×120
WR－4		756	1250	60	0.8	0.6	1	120	120	150×120	120×120
WR－5		756	1250	60	0.8	0.6	1	160	120	150×120	120×120
WR－6		756	1250	60	0.8	0.6	1	200	120	150×120	120×120
WR－7	混合砂浆	756	1250	60	0.8	0.6	1	0	120	150×120	120×120
WR－8		756	1250	60	0.8	0.6	1	40	120	150×120	120×120
WR－9		756	1250	60	0.8	0.6	1	80	120	150×120	120×120
WR－10		756	1250	60	0.8	0.6	1	120	120	150×120	120×120
WR－11		756	1250	60	0.8	0.6	1	160	120	150×120	120×120
WR－12		756	1250	60	0.8	0.6	1	200	120	150×120	120×120

续表2.10

试件编号	砂浆种类	高度（mm）	宽度（mm）	砖块个数	轴压比	高宽比	试件个数	循环次数	厚度（mm）	圈梁尺寸（mm）	构造柱尺寸（mm）
WR－13	粉煤灰砂浆	756	1250	60	0.8	0.6	1	0	120	150×120	120×120
WR－14		756	1250	60	0.8	0.6	1	40	120	150×120	120×120
WR－15		756	1250	60	0.8	0.6	1	80	120	150×120	120×120
WR－16		756	1250	60	0.8	0.6	1	120	120	150×120	120×120
WR－17		756	1250	60	0.8	0.6	1	160	120	150×120	120×120
WR－18		756	1250	60	0.8	0.6	1	200	120	150×120	120×120

表 2.11 酸雨环境腐蚀下混凝土普通砖组合墙片参数

试件编号	砂浆总类	高度(mm)	厚度(mm)	砖块个数	轴压比	高宽比	冻融循环天数	冻融腐蚀试件个数
WZR－1	水泥砂浆	906	2360	96	0.5	0.76	0	1
WZR－2		906	2360	96	0.5	0.76	40	1
WZR－3		906	2360	96	0.5	0.76	80	1
WZR－4		906	2360	96	0.5	0.76	120	1
WZR－5		906	2360	96	0.5	0.76	160	1
WZR－6		906	2360	96	0.5	0.76	200	1
WZR－7	混合砂浆	906	2360	96	0.5	0.76	0	1
WZR－8		906	2360	96	0.5	0.76	40	1
WZR－9		906	2360	96	0.5	0.76	80	1
WZR－10		906	2360	96	0.5	0.76	120	1
WZR－11		906	2360	96	0.5	0.76	160	1
WZR－12		906	2360	96	0.5	0.76	200	1
WZR－13	粉煤灰水泥	906	2360	96	0.5	0.76	0	1
WZR－14		906	2360	96	0.5	0.76	40	1
WZR－15		906	2360	96	0.5	0.76	80	1
WZR－16		906	2360	96	0.5	0.76	120	1
WZR－17		906	2360	96	0.5	0.76	160	1
WZR－18		906	2360	96	0.5	0.76	200	1

表 2.12 冻融环境腐蚀下混凝土普通砖单墙片参数

试件编号	砂浆种类	高度（mm）	宽度（mm）	砖块个数	轴压比	高宽比	试件个数	循环次数	厚度（mm）	圈梁尺寸（mm）	构造柱尺寸（mm）
WF－1	水泥砂浆	756	1250	60	0.8	0.6	1	0	120	150×120	120×120
WF－2		756	1250	60	0.8	0.6	1	40	120	150×120	120×120
WF－3		756	1250	60	0.8	0.6	1	80	120	150×120	120×120
WF－4		756	1250	60	0.8	0.6	1	120	120	150×120	120×120
WF－5		756	1250	60	0.8	0.6	1	160	120	150×120	120×120
WF－6		756	1250	60	0.8	0.6	1	200	120	150×120	120×120
WF－7	混合砂浆	756	1250	60	0.8	0.6	1	0	120	150×120	120×120
WF－8		756	1250	60	0.8	0.6	1	40	120	150×120	120×120
WF－9		756	1250	60	0.8	0.6	1	80	120	150×120	120×120
WF－10		756	1250	60	0.8	0.6	1	120	120	150×120	120×120
WF－11		756	1250	60	0.8	0.6	1	160	120	150×120	120×120
WF－12		756	1250	60	0.8	0.6	1	200	120	150×120	120×120

续表2.12

试件编号	砂浆种类	高度（mm）	宽度（mm）	砖块个数	轴压比	高宽比	试件个数	循环次数	厚度（mm）	圈梁尺寸（mm）	构造柱尺寸（mm）
WF－13	粉煤灰砂浆	756	1250	60	0.8	0.6	1	0	120	150×120	120×120
WF－14		756	1250	60	0.8	0.6	1	40	120	150×120	120×120
WF－15		756	1250	60	0.8	0.6	1	80	120	150×120	120×120
WF－16		756	1250	60	0.8	0.6	1	120	120	150×120	120×120
WF－17		756	1250	60	0.8	0.6	1	160	120	150×120	120×120
WF－18		756	1250	60	0.8	0.6	1	200	120	150×120	120×120

表 2.13　冻融环境腐蚀下混凝土普通砖组合墙片参数

试件编号	砂浆总类	高度(mm)	厚度(mm)	砖块个数	轴压比	高宽比	冻融循环天数	冻融腐蚀试件个数
WZF－1	水泥砂浆	906	2360	96	0.5	0.76	0	1
WZF－2		906	2360	96	0.5	0.76	40	1
WZF－3		906	2360	96	0.5	0.76	80	1
WZF－4		906	2360	96	0.5	0.76	120	1
WZF－5		906	2360	96	0.5	0.76	160	1
WZF－6		906	2360	96	0.5	0.76	200	1
WZF－7	混合砂浆	906	2360	96	0.5	0.76	0	1
WZF－8		906	2360	96	0.5	0.76	40	1
WZF－9		906	2360	96	0.5	0.76	80	1
WZF－10		906	2360	96	0.5	0.76	120	1
WZF－11		906	2360	96	0.5	0.76	160	1
WZF－12		906	2360	96	0.5	0.76	200	1
WZF－13	粉煤灰水泥	906	2360	96	0.5	0.76	0	1
WZF－14		906	2360	96	0.5	0.76	40	1
WZF－15		906	2360	96	0.5	0.76	80	1
WZF－16		906	2360	96	0.5	0.76	120	1
WZF－17		906	2360	96	0.5	0.76	160	1
WZF－18		906	2360	96	0.5	0.76	200	1

2）试验目的

揭示腐蚀环境对砖砌体墙片的损伤演化规律，建立冻融及酸雨作用下砖砌体墙片损伤/退化宏观滞回模型。

3）试件制作过程

图 2.22～图 2.25 为试件设计图，图 2.26～图 2.31 为试件实物及经环境腐蚀变化后的示意图。

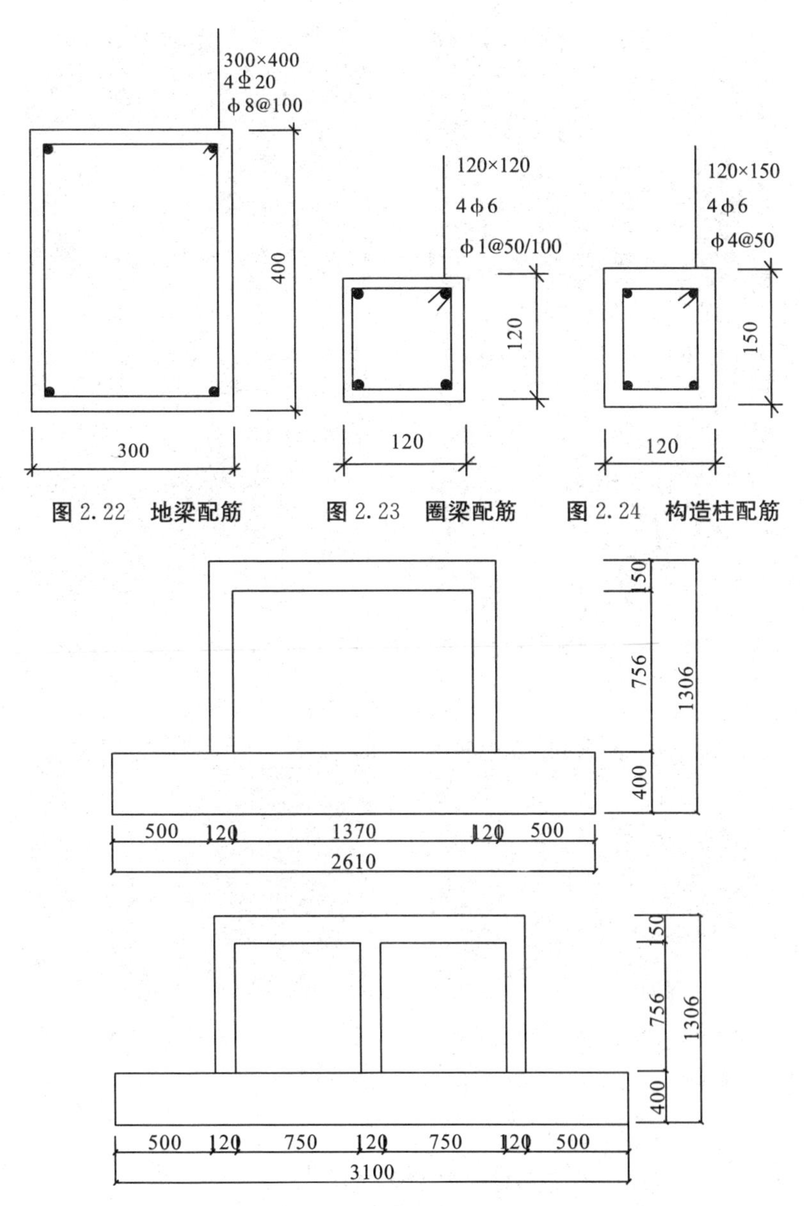

图 2.22　地梁配筋

图 2.23　圈梁配筋

图 2.24　构造柱配筋

图 2.25　试件尺寸示意

图 2.26　砖砌体单墙片

图 2.27　砖砌体组合墙片

图 2.28　20 次冻融循环后的砖砌体墙片

图 2.29　40 次冻融循环后的砖砌体墙片

图 2.30　80 次冻融循环后的砖砌体墙片

图 2.31　160 次冻融循环后的砖砌体墙片

4）加载方案

（1）混凝土普通砖墙片加载装置图。

试验采用低周循环往复加载，加载装置如图 2.32 所示。水平荷载由一个往复作动器提供，作动器前端连接单向铰，使得墙体有位移时，墙体与水平加载装置间能产生微小转动，以保证水平加载方向的稳定性。水平加载点位于墙体顶部加载梁的中心。将水平连接装置固定在加载梁上，再将作动器后端固定在反力墙上，作动器前端与水平连接装置相连。通过水平连接装置给试件施加推、拉往复水平荷载。竖向荷载由竖向油压千斤顶提供。为了使竖向荷载在试验过程保持恒定且不影响水平荷载的施加，在反力梁上安装滑动支座，将一个油压千斤顶倒装固定在滑动支座上。在竖向千斤顶与试件直接设置刚性垫梁，以使剪力墙截面产生均匀的压应力。

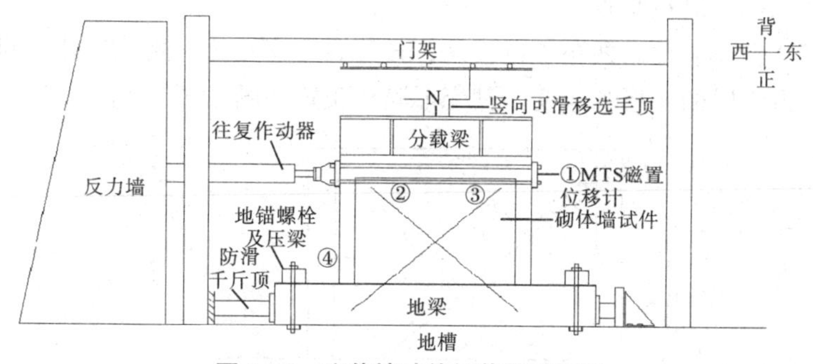

图 2.32 砌体墙试件加载装置示意

(2) 加载制度。

试验前，先进行两次预加反复荷载测试，以消除试件内部的不均匀性和检测试验装置及各测量仪表的反应是否正常。

采用荷载和变形双控加载。在试件屈服之前按荷载控制逐级施加水平荷载，每级荷载循环一次（即在正反两个方向加、卸载各一次），第一级荷载取为 10 kN，荷载级差为 10 kN；在试件屈服后改用位移控制加载，每级位移取屈服点位移的倍数，每级循环 3 次，直到荷载达到极限荷载，且下降为极限荷载的 85% 后试验结束，如图 2.33 所示。试验过程中，应保持反复加载的连续性和均匀性，加载或卸载的速度应一致。

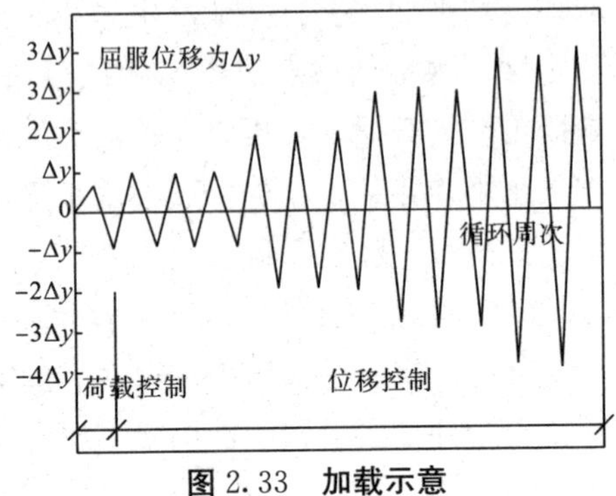

图 2.33　加载示意

（3）测点布置。

砌体墙片表面布置位移计、百分表和应变片，测试试件不同受力阶段的变形和应变，其变形测点布置如图 2.34 所示。

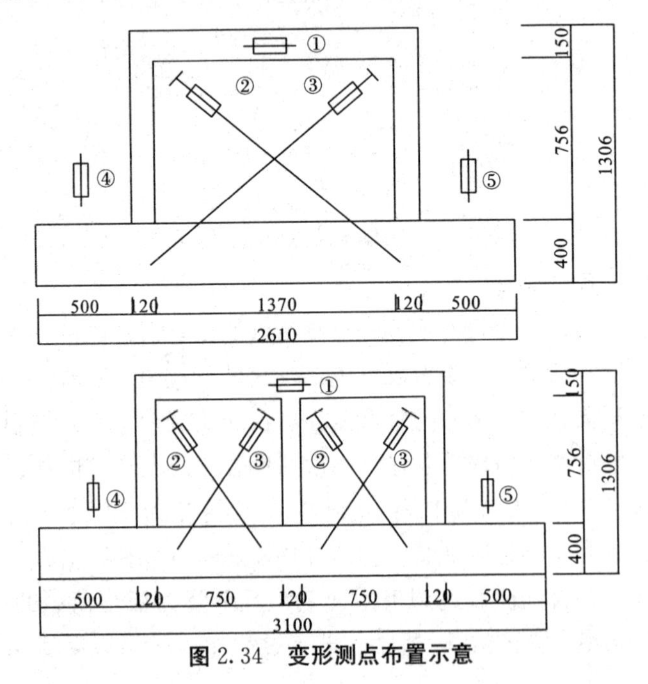

图 2.34　变形测点布置示意

（4）试验观察和记录。

① 观测试验过程中试件裂缝的开展情况、破坏过程以及破坏形态；② 记录各试件的开裂荷载和位移；③ 记录各试件的极限荷载和位移；④ 绘制各试件的滞回曲线、骨架曲线等。

2.3.3 大气环境腐蚀方案

2.3.3.1 冻融循环试验方案

由于本专著所有试件的冻融循环条件相同，且查阅国内外冻融循环相关文献得知，在相同的冻融条件下，砂浆的抗冻性能较混凝土普通砖弱很多，故应按照砂浆的相关规范制定本次试验的冻融方法。

冻融试验方法参考《建筑砂浆基本性能试验方法标准》（JGJ/T 70—2009）、《混凝土实心砖》（GB/T 21144—2007）和《混凝土小型空心砌块试验方法》（GB/T 4111—1997）中的抗冻性能试验方法。由于本次试验采用的是人工气候实验室，冻结和融化全部过程均可以在设备内实现，加之实验设备和规范不一致，故循环制度在规范的基础上稍作改动，融化时室温升至10℃～20℃，并同时采用箱内顶部淋头连续喷淋。具体步骤如下：

（1）将经过 28 d 养护的试件从养护室取出，进行外观检查并记录其原始状况，随后将冻融试件放入 10℃～20℃的水中浸泡，浸泡水面应至少高出试件 20 mm。2 d 后将试件取出，用毛巾擦干试件表面，编号并称重后放入冻融室。

（2）在冻融室温度低于－15℃时将试件放入。试件放入后温度高于－15℃时，应以温度重新降至－15℃时计算试件冻结时间，且从装完试件至重新降至－15℃的试件不能超过 2 h。

（3）每次冻结时间为 4 h，冻结与融化连续进行，融化时箱内温度控制在 10℃～20℃，并且不断喷水，融化时间为 4 h。融化完毕即为一次循环。

(4) 每 5 次循环进行一次外观检查，并记录试件的破坏情况。

(5) 冻融试验持续进行直至试件的质量损失率超过 5%或者试件的强度损失率超过 25%时终止试验。

表 2.14 为冻融循环制度表。

表 2.14　冻融循环制度表

初始时间	结束时间	温度（℃）	湿度（%）	光照	淋水
0：00	0：20	室温	60	—	有
0：20	2：10	−15	—	—	—
2：10	4：00	30	40	有	—

2.3.3.2　酸雨腐蚀试验方案

本专著所有试件的酸雨腐蚀循环条件相同，且查阅大量酸雨腐蚀建筑物的相关文献得知，在相同的酸雨腐蚀条件下，砂浆的抗酸雨腐蚀能力较混凝土普通砖弱很多，故应按照砂浆的相关规范制定本次试验的酸雨腐蚀方法。

酸雨腐蚀试验方法参考《建筑砂浆基本性能试验方法标准》(JGJ/T 70—2009)、《混凝土实心砖》(GB/T 21144—2007) 和《混凝土小型空心砌块试验方法》(GB/T 4111—1997) 中的抗酸雨腐蚀性能试验方法。由于本次试验采用的是大气腐蚀试验设备，可模拟实际酸雨喷淋。具体步骤如下：

(1) 将经过 28 d 养护的试件从养护室取出，进行外观检查并记录其原始状况，随后将酸雨腐蚀试件放入大气腐蚀实验室，喷淋已调制好的 pH=1.0 的硫酸溶液，喷淋持续 2 h，喷淋过程中保持室内温度 10℃，后以室内温度 35℃进行烘干，持续 2 h。

(2) 每次酸雨腐蚀循环时间为 4 h，喷淋与烘干连续进行。

(3) 每10次循环进行一次外观检查，并记录试件的破坏情况。

(4) 酸雨腐蚀试验持续进行直至试件的质量损失率超过5%或者试件的强度损失率超过25%或者达到目标循环300次时终止试验。

表2.15为酸雨腐蚀循环制度表。

表2.15 酸雨腐蚀循环制度表

初始时间	结束时间	温度（℃）	湿度（%）	光照	酸雨
0：00	3：00	室温	60	—	有
3：00	4：00	60	—	有	无

3 恢复力模型及单体结构数值模型

3.1 恢复力模型

恢复力模型是一个相当广义的概念，根据研究尺度的不同，可将恢复力模型分为基于材料的恢复力模型、基于截面的恢复力模型和基于构件的恢复力模型。恢复力模型的研究主要包括两个方面：骨架曲线、滞回规则。

3.1.1 基于材料的恢复力模型

基于材料的恢复力模型主要用于结构实体模型与杆系模型中，空间杆系模型中的纤维模型即采用了此类恢复力模型。赋予指定纤维截面的混凝土、钢筋及其之间黏结滑移的单轴本构模型，建立构件与结构的数值模型。现对应用较为广泛的混凝土约束本构 Mander 模型[23]与钢筋本构 Menegotto－Pinto[24]模型，详述如下。

3.1.1.1 单轴受压 Mander 非线性混凝土本构模型

该模型如图 3.1（a）所示，模型骨架曲线的计算公式如下：

$$\sigma = \frac{f_{cc} x r}{r - 1 + x^{r}} \tag{3-1}$$

$$x = \frac{\varepsilon}{\varepsilon_{cc}} \tag{3-2}$$

$$r=\frac{E_0}{E_0-E_{see}} \tag{3-3}$$

$$E_{see}=\frac{f_{cc}}{\varepsilon_{cc}} \tag{3-4}$$

$$E_0=5000\sqrt{f_c} \tag{3-5}$$

$$\varepsilon_{cc}=\left[1+5\left(\frac{f_{cc}}{f_c}-1\right)\right]\varepsilon_c \tag{3-6}$$

$$f_{cc}=f_c\left(2.254\sqrt{1+\frac{7.94f'_l}{f_c}}-\frac{2f'_l}{f_c}-1.254\right) \tag{3-7}$$

$$\varepsilon_{cu}=0.004+\frac{1.4\rho_v f_{yh}\varepsilon_{syh}}{f_{cc}} \tag{3-8}$$

对矩形截面：

$$f'_l=f'_{lx}+f'_{ly},\ f'_{lx}=k_e\rho_x f_{yh},\ f'_{ly}=k_e\rho_y f_{yh}$$

$$\rho_x=\frac{A_{sx}}{sd_c},\ \rho_y=\frac{A_{sy}}{sb_c}$$

$$k_e=\frac{\left[1-\sum_{i=1}^{n}\frac{(w_i)^2}{6b_cd_c}\right]\left(1-\frac{s}{2b_c}\right)\left(1-\frac{s}{2d_c}\right)}{1-\rho_{cc}}$$

式中，f'_l为混凝土的有效侧向约束应力；f_{yh}为箍筋的屈服强度；ρ_v为箍筋体积配筋率；w_i为矩形截面第i段的约束筋净距；b_c，d_c为矩形截面约束混凝土的两个边长；ρ_{cc}为纵向钢筋面积与约束混凝土面积的比值；A_{sx}为x方向箍筋截面总和；A_{sy}为y方向箍筋截面总和；ε_{syh}为箍筋最大拉应力时的拉应变；f_{cc}为约束混凝土的强度。

3.1.1.2 Menegotto－Pinto 钢筋本构模型

该模型如图 3.1（b）所示，骨架曲线和滞回规则的主要计算公式如下：

（1）骨架曲线。

骨架曲线方程：

$$\sigma=\begin{cases}E_s\varepsilon, & |\varepsilon|\leqslant f_y/E_s\\ f_y+E_T(\varepsilon-\varepsilon_y), & |\varepsilon|>f_y/E_s\end{cases} \tag{3-9}$$

（2）滞回规则。

滞回曲线方程：

$$\sigma^*=\beta\varepsilon^*+\frac{(1-\beta)\varepsilon^*}{(1+\varepsilon^*)^{1/R}} \tag{3-10}$$

式中，$\varepsilon^*=\dfrac{\varepsilon-\varepsilon_r}{\varepsilon_0-\varepsilon_r}$，$\sigma^*=\dfrac{\sigma-\sigma_r}{\sigma_0-\sigma_r}$，其中（$\sigma_0$，$\varepsilon_0$）为两条渐进线的交点，$\sigma_r$，$\varepsilon_r$为双线性骨架线反向点处钢筋的应力、应变；$\beta$为应变强化率，$\beta=E_T/E_s$，其中$E_T$为钢筋的强化模量；$R$为影响过渡曲线形状的参数，$R=R_0-\dfrac{a_1\xi}{a_2+\xi}$，其中$R_0$为首次加载时的初始参数，由试验确定。

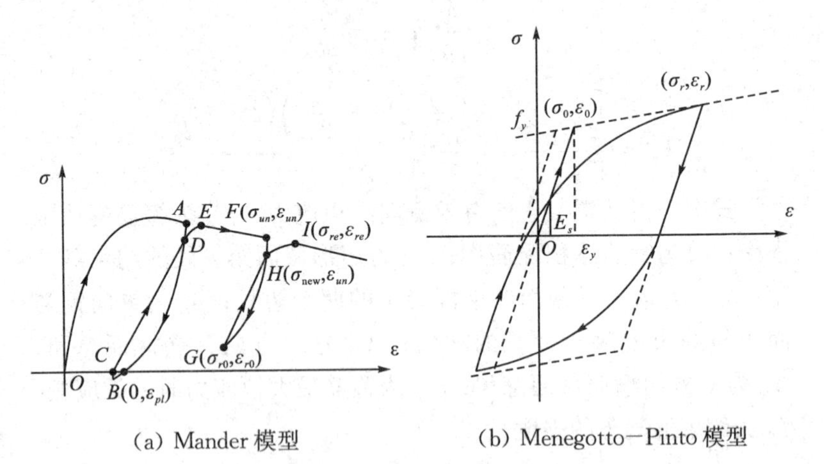

(a) Mander 模型　　(b) Menegotto－Pinto 模型

图 3.1　材料本构模型

3.1.2　基于截面的恢复力模型

国内外学者对 RC 框架梁柱进行了大量的试验研究并提出了相应的截面恢复力模型，下面就常用的 3 类基于截面的恢复力模型进行简要介绍。

3.1.2.1　单向弯矩曲率关系

根据金属材料恢复力模型推广得到的混凝土截面的弯矩—曲率恢复力模型，Ramberg－Osgood 模型如图 3.2 所示。该模型骨架曲线由屈服荷载 P_y、屈服位移Δ_y和形状指数 γ 确定，公式如下：

$$\frac{\Delta}{\Delta_y} = \frac{P}{P_y}\left(1 + \eta\left|\frac{P}{P_y}\right|^{\gamma-1}\right) \tag{3-11}$$

式中，η 为常系数，根据材料特性确定。

滞回曲线的形状定义为

$$\frac{\Delta - \Delta_i}{\Delta_y} = \frac{P - P_i}{2P_y}\left(1 + \eta\left|\frac{P - P_i}{2P_y}\right|^{\gamma-1}\right) \tag{3-12}$$

式中，Δ_i为卸载时的位移；P_i为卸载时的力。

退化双折线模型规定卸载刚度低于初始加载刚度，以体现 RC 截面弯矩—曲率的损伤情况，如图 3.3 所示。模型中卸载刚度为

$$k_r = k_i\left|\frac{\varphi_m}{\varphi_y}\right|^{-\alpha_k} \tag{3-13}$$

式中，α_k 为卸载刚度退化系数，对 RC 构件一般可取 0.4。

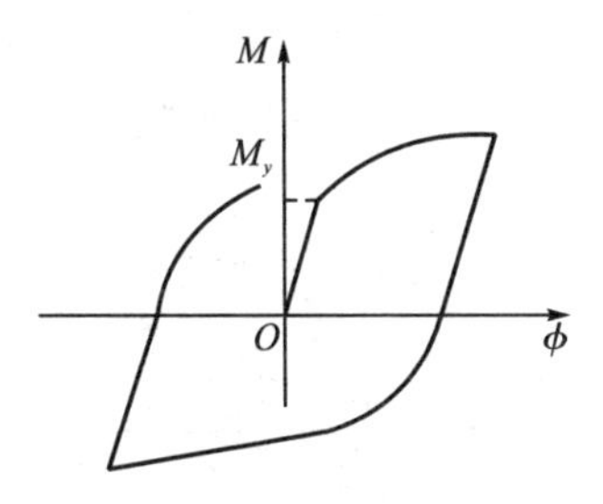

图 3.2　Ramberg－Osgood **模型**

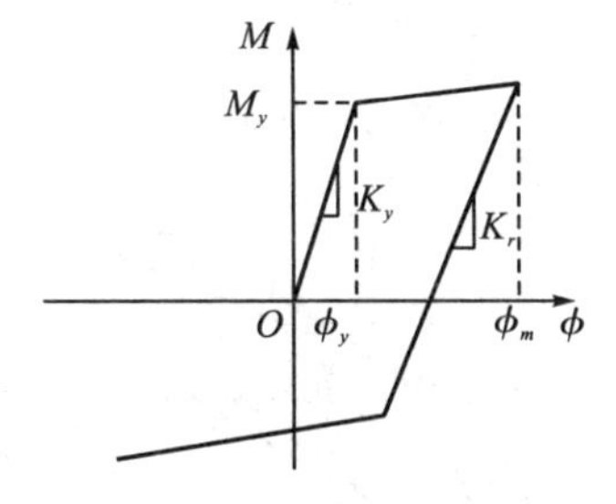

图 3.3　**退化双线形模型**

为了弥补退化双线形模型，不考虑反向加载时刚度退化的缺

点，即不考虑反向加载累积损伤造成的刚度退化，因此，Clough 在退化双线形模型基础上提出了如图 3.4 所示的建议模型。此模型规定：反向加载曲线指历史最大变形点，考虑了反向加载刚度退化。由于 Clough 模型抓住了 RC 结构截面滞回模型的关键特征，概念清晰，滞回规则简单，因此被广泛应用于数值模拟中。

基于 Clough 的退化双折线模型，武田提出了考虑 RC 构件开裂、屈服点的三折线模型，如图 3.5 所示。由于三折线模型无法考虑构件下降度表示出的负刚度特性，因此一些学者提出了四折线模型，如图 3.6 所示。Park 等考虑了 RC 构件受剪破坏滞回曲线中“滑移捏拢”现象，提出了可以考虑“滑移捏拢”的弯矩—曲率滞回模型，如图 3.7 所示。国内学者陆新征和曲哲共同开发了万能恢复力模型——陆新征—曲哲塑性铰恢复力模型[25]，如图 3.8 所示。

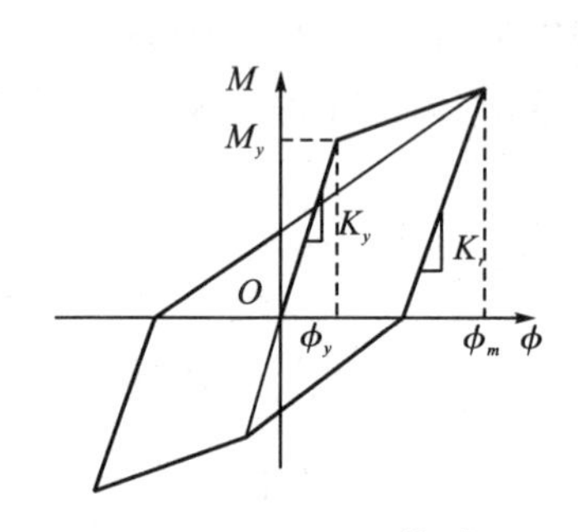

图 3.4　Clough 模型

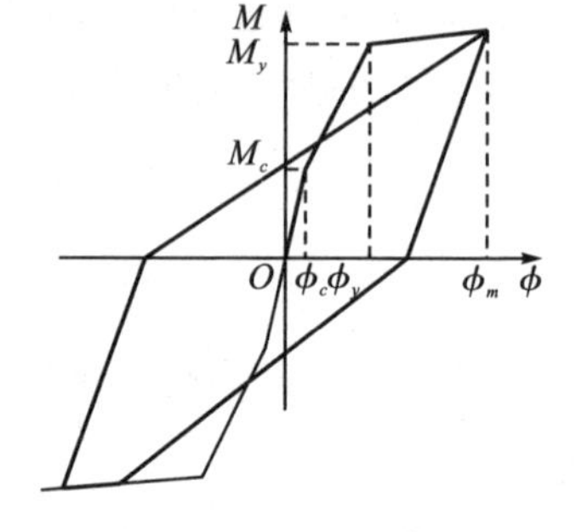

图 3.5　三折线模型

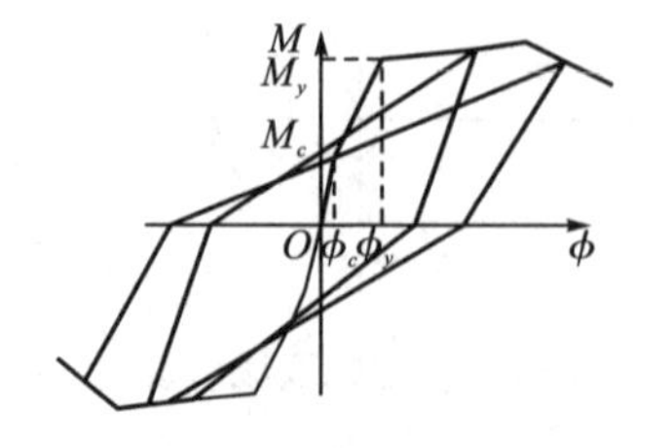

图 3.6　四折线模型

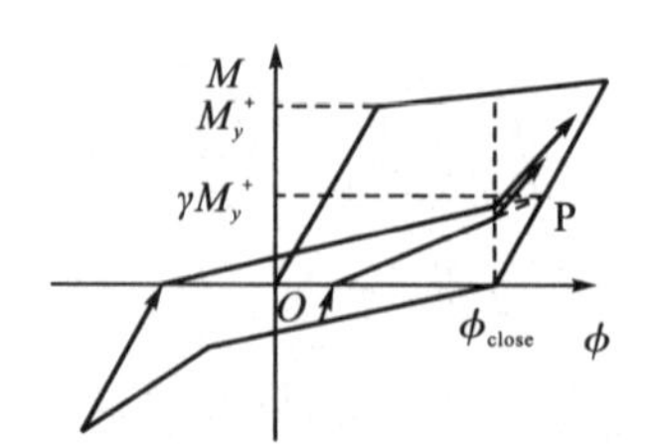

图 3.7　Park 捏拢弯曲—曲率模型

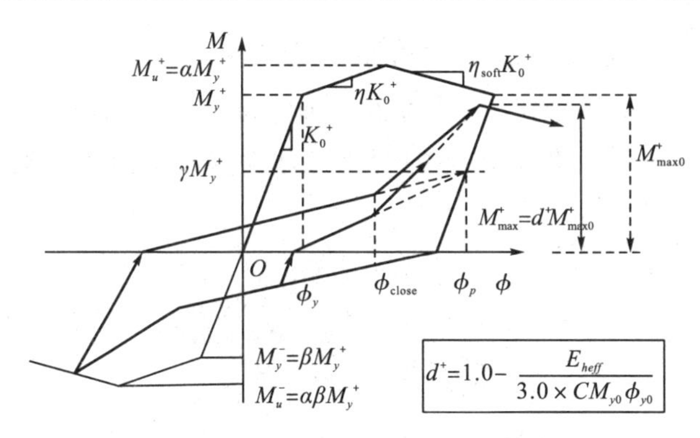

图 3.8 陆新征—曲哲模型

陆新征—曲哲模型，通过调整模型中的 8 个参数，可以较为全面地考虑构件的屈服、强化、软化特性、滑移捏拢特性、往复加载下的损伤累计特性和正向、反向屈服强度不同特性。同时，通过调整陆新征—曲哲模型中的系数的取值，就可以模拟多种不同的恢复力模型，对国内外学者所提出的恢复力模型进行了归并，但是由于模型参数较多，可操作性有待进一步的改进。此外，需要大量试验进一步验证模型的准确性，模型的推广应用有待进一步的理论和试验研究佐证。陆新征—曲哲模型中 8 个参数具体如下：K_0为截面的初始刚度；M_y为截面的正向屈服强度；η 为截面的强化模量参数；C 为截面累计损伤耗能参数；γ 为截面滑移捏拢参数；η_{soft}为截面软化参数；α 为截面极限强度与屈服强度的比值；β 为截面负向屈服弯矩和正向屈服弯矩的比值。

3.1.2.2 双向弯曲的弯矩曲率关系

当截面受到双向弯曲作用时，即指在主轴方向同时受到 M_x—M_y的作用，截面屈服时，则不再是一条线，而是形成一个空间面，包括初始屈服和后继屈服面。M_x—M_y之间的耦合关系如下：

$$\left(\frac{M_x}{M_{x,u}}\right)^{\alpha_n}+\left(\frac{M_y}{M_{y,u}}\right)^{\alpha_n}=1 \tag{3-14}$$

3.1.2.3　变轴力影响的弯矩曲率关系

当构件同时受到轴力弯矩时，轴力和弯矩耦合作用形成空间屈服面（见图 3.9），轴力的变化对截面的弯矩曲率影响规律，如图 3.10 所示。

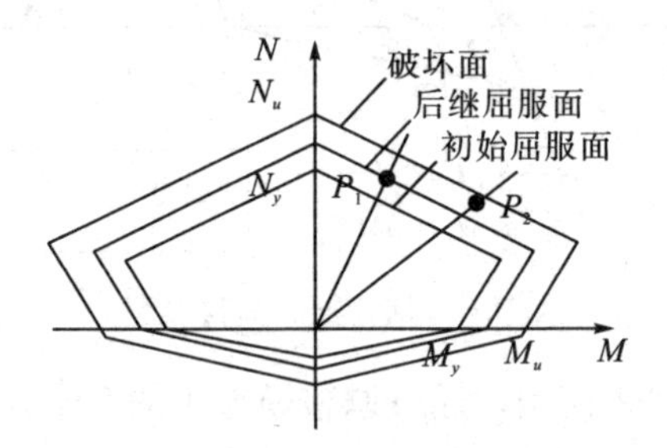

图 3.9　轴力弯矩耦合屈服面

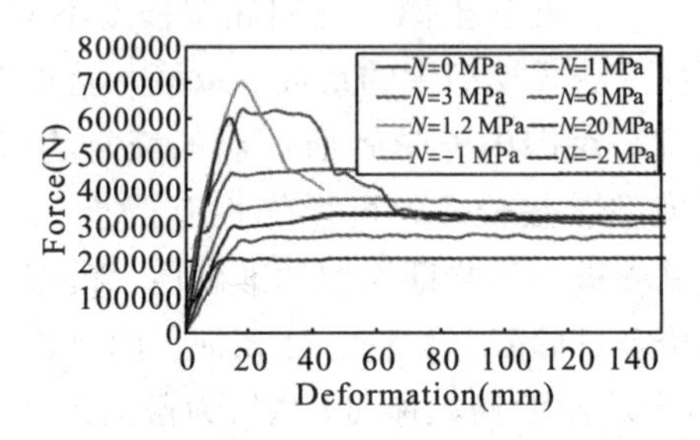

图 3.10　轴力对截面弯矩曲率关系的影响规律

基于截面的恢复力模型，在描述比较规律的截面行为时，其精度要优于纤维模型，且建模难度也往往较小，但是为了使得基于截面的恢复力模型能够精确地模拟构件和结构的抗震性能，就需要根据构件的实际截面受力特性，设定复杂的加卸载准则；同时，还得考虑复杂的轴力—双向弯矩关系，并使得截面恢复力模型能够很好地模拟截面的软化问题。因此，需要大量的试验研究，对所提出的截面恢复力模型进行修正。

3.1.3　基于构件的恢复力模型

对于受力比较明确的杆件，可以直接给出杆端力和杆端变形之间的关系，建立构件的恢复力模型，并应用于结构数值模型的建立。为了简化计算量且满足工程精度的要求，通常将结构简化为层模型，并基于构件直接给出层间剪切变形的恢复力模型。对于RC框架，主要为以层间剪切变形为主的剪切型。常用的剪力—侧移（V—δ）恢复力模型为Clough双折线模型，如图3.11所示。

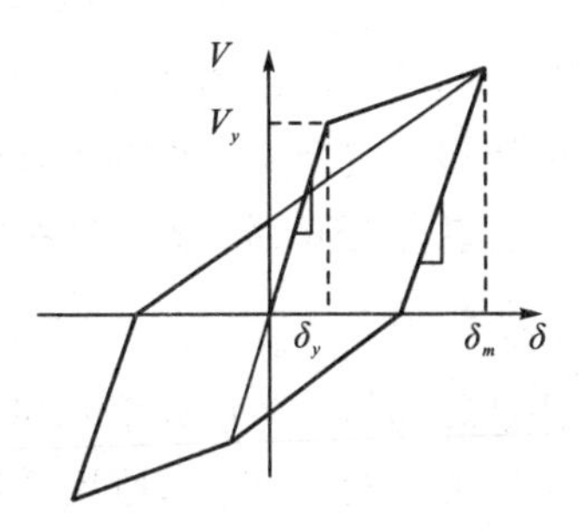

图3.11　Clough双折线模型

3.2　单体结构数值模型

本节主要对RC框架结构的数值建模方法进行了系统的介绍。

RC框架结构的数值建模方法从最简单的杆系有限元到精细化的实体建模，再到目前国内外比较热门的纤维单元模型，从最初的弹性分析到现在流行的弹塑性分析方法，研究的目的就是能够更为精确地描述RC框架进入弹塑性阶段结构的抗震性能。因此，开发出能够精确描述RC框架结构塑性软化阶段的梁柱单元，成为亟待解决的问题之一。国内学者陆新征[26]、马千里[27]

和陈学伟[28]等在 RC 结构宏观单元的研究上面取得了一定的研究成果。本节主要介绍了宏观梁柱单元的理论及其在现有有限元软件中的应用。

基于宏观单元的 RC 框架结构抗震性能的数值建模方法，主要有层模型、杆系模型和杆系—层模型 3 种[29]。

3.2.1 RC 框架结构层模型

3.2.1.1 层模型的概念

将结构质量集中于各楼层，将结构各楼层的竖向承重构件合并，每层侧向刚度为层间各根承重构件抗侧刚度之和，采用刚性楼板假定，且不考虑扭转，将结构视作带有多个（最少一个）集中质量的悬臂杆，并且悬臂杆底部嵌固，即称之为层模型。

3.2.1.2 层模型的应用

选取每层承重构件之和为基本计算单元即一层为单位，采用层恢复力模型表征结构地震响应下，层刚度随着层剪力的变化关系，层模型不能考虑弹塑性阶段层弹塑性变形沿层高的发展规律。

综上所述，由于层模型以层间为计算单元，并给出了层间剪力和位移的滞回模型，所以可以快速地对结构进行弹塑性分析，但却不能给出层间各杆件单元的内力和变形。因此，在工程应用中，一方面，层模型的适用范围主要在于验算结构罕遇地震作用下薄弱层位置和层间位移角超限验算，并对层间剪力是否超限进行校核；另一方面，由于层模型无法同时考虑层间剪切与层弯曲刚度及其之间的耦合作用，所以这种简化模型仅适用于层数不多的平面布置简单、规则的 RC 框架结构。

3.2.2 RC 框架结构杆系模型

3.2.2.1 杆系模型的定义

选取 RC 框架梁柱单元为计算单元，将结构分解成各个离散的构件，并将结构质量集中于框架梁柱节点处，此种模型即称之为杆系模型。与层间恢复力模型（将每层合并为一个构件，即也属于基于构件恢复力模型的应用）相比，杆系模型采用基于材料与基于截面的恢复力模型，可以考虑结构弹塑性阶段各梁柱构件单元刚度沿着杆件长度方向的变化情况，同时也可以表征地震动作用下各个杆件单元刚度与内力的变化关系。

3.2.2.2 单元刚度集成方法

根据是否考虑杆单元刚度沿着杆长的变化，分为如下两种类型的单元刚度计算模型：集中刚度模型、分布刚度模型。集中刚度模型是将杆件塑性集中于杆端零长度截面来建立单元刚度矩阵；而分布刚度模型则将塑性区域沿杆长分布，考虑弹塑性阶段杆单元刚度沿杆长的变化，按照变刚度杆建立弹塑性阶段杆件的单元刚度矩阵。

3.2.2.3 杆系模型在有限元软件中的应用

用计算机进行杆系有限元建模时，对于现有大型有限元软件中的梁柱单元，多采用高斯积分法，沿着构件长度方向选取积分点的数量决定了计算的精度和速度。基于截面的塑性铰模型也可称为特征截面法（见图 3.12）。特征截面的恢复力模型既可以直接指定，也可以采用基于纤维的恢复力模型。对于分布塑性模型，则可以直接指定积分点出的截面恢复力模型，然后用各个积分点的权重系数与相应积分点处截面刚度相乘得到整个构件的刚度。限于研究需要，本小节仅对 OpenSEES 及 IDARC-2D 有限元软件中的梁柱单元进行简要的介绍。

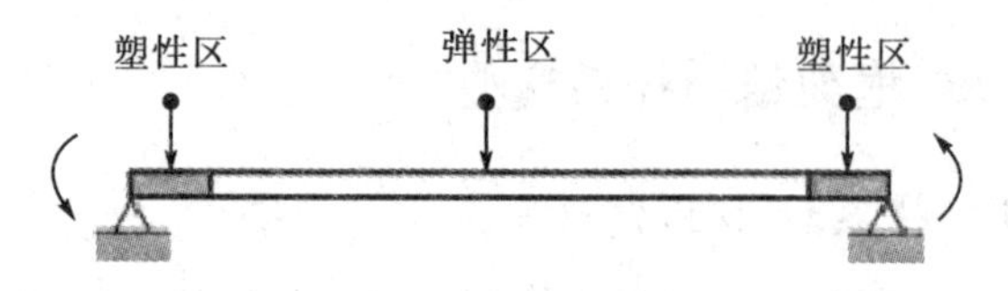

图 3.12　特征截面法

1) OpenSEES

OpenSEES[30]主要为纤维模型的开源有限元程序，包括纤维梁柱单元、梁塑性铰单元。纤维梁柱单元包括基于位移的梁柱单元、基于力的梁柱单元和考虑弯矩—剪力相互作用的基于位移的梁柱单元，梁塑性铰模型为基于力的梁单元。各种梁柱单元详细介绍如下：

(1) 基于力插值的集中塑性模型 Beam With Hinges Element (BH element) 为基于柔度法的端部集中塑性铰模型默认，属于特征截面法。用户可以根据实际需要，在单元两端（i和j）分别指定塑性铰的长度 L_{pj}，OpenSEES 中控制塑性铰长度的命令为 $ Lpj。

(2) 基于力差值的纤维梁柱单元 Force－Based Beam－Column Element (FB element)，为兼顾计算效率和计算精度，应合理选择积分点的个数，积分方法默认采用 Gauss－Lobatto 数值积分方法。

(3) 基于位移差值的梁柱纤维单元 Displacement－Based Beam－Column Element (DB element)，同 FB element 一样需要定义积分点的个数。

OpenSEES 中纤维梁柱单元沿着杆件长度方向，均可以采用 Lobatto，Legendre，Radau，NewtonCotes，Trapezoidal 积分方法，未指定具体积分方法时，默认的积分方法为 Gauss－Lobatto 数值积分方法。OpenSEES 中 4 种常用塑性铰积分方法，命令如下：

（1）两端中点积分法：set integration “HingeMidpoint $secTagI $lpI $secTagJ $lpJ $secTagE”. element forceBeamColumn $tag $ndI $ndJ $transfTag $integration。

（2）两端边点积分法：set integration “HingeEndpoint $secTagI $lpI $secTagJ $lpJ $secTagE”. element forceBeamColumn $tag $ndI $ndJ $transfTag $integration。

（3）两端 Gauss－Radau 积分法：set integration “Hinge RadauTwo $secTagI $lpI $secTagJ $lpJ $secTagE”. element forceBeamColumn $tag $ndI $ndJ $transfTag $int-egration。

（4）修正 Gauss－Radau 积分法：set integration “HingeRadau $secTagI $lpI $secTagJ $lpJ $secTagE”. element forceBeam-Column $tag $ndI $ndJ $transfTag $integration。

2）IDARC－2D

美国 BUFFALO 大学开发的二维平面杆系分析程序 IDARC－2D7.0[31]，单元类型包括梁、柱（集中塑性铰模型和分布塑性模型）单元、填充墙单元、剪力墙单元等，程序采用刚性楼板假定，即各层楼板具有同一水平侧移自由度。程序可进行的分析类型有静力弹塑性分析（Pushover）、低周反复分析、伪动力分析和弹塑性动力时程分析。此外，程序提供多重滞回模型，包括双折线、三折线及顶点导向多线段滞回模式和改进的 Bouc－Wen 光滑滞回模式，采用程序提供的滞回模型，可以较为灵活地模拟混凝土结构及构件的强度、刚度退化及捏缩效应。IDARC－2D7.0 程序中大量参数可由设计者自行调整，如构件的恢复力模型（见图 3.13）、结构阻尼和时程输入等，可以详细地输出结构的刚度、阵型变化、层间作用力、构件和楼层及结构的变形、耗能和损伤状况。因此，基于大量试验总结出的恢复力模型，可以方便地集成到此软件，并实现整体结构的数值模拟。

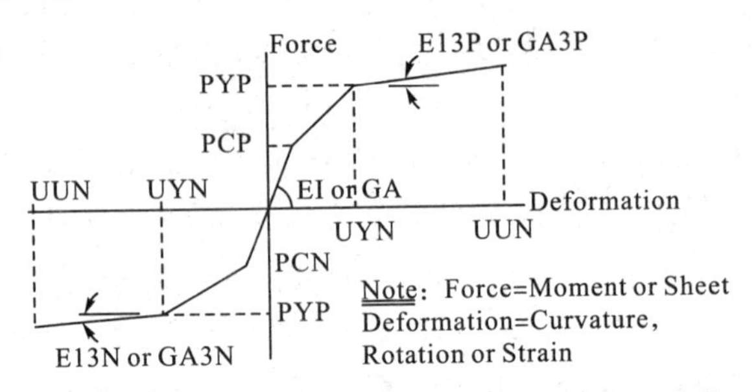

图 3.13　IDARC－2D 中用户自定义三折线骨架曲线

3.2.2　RC 框架结构杆系—层模型

杆系—层模型[29]由杆系模型与层模型混合而成，该模型将结构质量集中于各个楼层，按照层模型建立并求解结构的刚度矩阵及运动方程，基于杆件恢复力模型确定层间剪力和位移的关系，其层刚度矩阵通过杆系模型确定。因此，杆系—层模型可以确定结构的层间剪力和变形，同时也能确定结构各个杆件的内力和变形，其计算量比起杆系模型速度效率大幅提高，但是模型没有考虑 RC 框架结构的扭转效应，并且简单地将杆系—层模型按照层模型求解，不能充分考虑框架结构的空间相互作用。

4　考虑性能劣化的构件恢复力模型与在役建筑结构数值模型

4.1　钢筋混凝土构件恢复力模型与在役建筑结构数值模型

4.1.1　锈蚀 RC 构件恢复力模型的建立

基于前期相关的锈蚀 RC 框架柱抗震性能研究试验资料[32-35]，总结出纵筋锈蚀对 RC 框架柱抗震性能影响的定性规律，如图 4.1 所示。

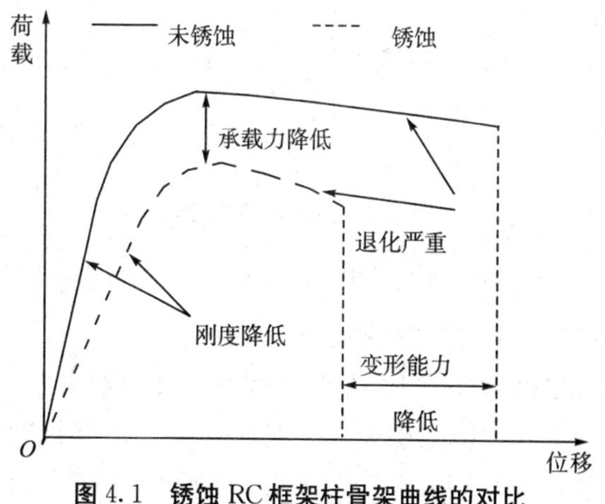

图 4.1　锈蚀 RC 框架柱骨架曲线的对比

钢筋锈蚀对 RC 结构的不利影响主要体现在以下两点：一方面，锈蚀导致钢筋截面面积减小，即能够承受荷载的钢筋有效截面减少，造成钢筋局部应力增大，若锈蚀特别严重，甚至会使钢筋断裂；另一方面，钢筋锈蚀后会引起混凝土沿钢筋长度方向开裂，致使钢筋与混凝土之间的黏结力降低。以上两方面因素共同导致锈蚀 RC 构件的承载能力和刚度降低；同时，在往复荷载持续作用下，损伤累积，构件外表面开裂混凝土会提前剥落，强度和刚度退化严重，且箍筋锈蚀后，受压区混凝土和主筋逐渐失去约束，屈曲外鼓，试件截面有效面积缩小，造成构件迅速破坏。

本专著提出的恢复力模型采用带有下降段的三折线骨架曲线，如图 4.2 所示。

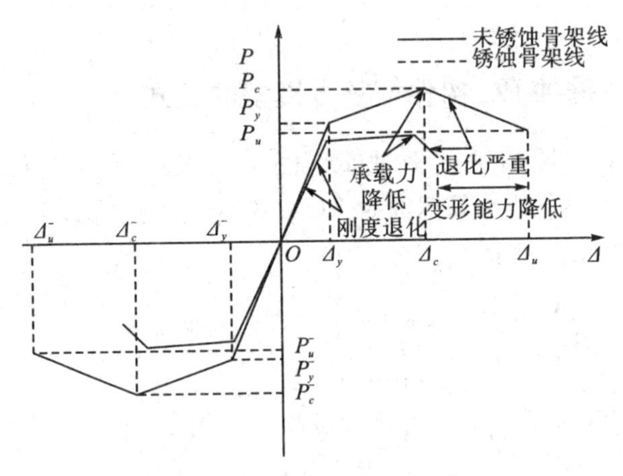

图 4.2 三折线骨架曲线

4.1.1.1 钢筋锈蚀对 RC 框架柱骨架曲线的影响

1）锈蚀对 RC 框架柱刚度的影响

(1) 纵筋锈蚀率对 RC 框架柱弹性刚度的影响。

图 4.3 为 RC 框架柱弹性刚度系数 χ_0 与纵筋锈蚀率 η_s 的关系。锈蚀弹性刚度系数定义为锈蚀 RC 框架柱的弹性刚度与未锈

蚀 RC 框架柱弹性刚度之比，表达式为

$$\chi_0 = K_e / K'_e \tag{4-1}$$

式中，K_e为锈蚀 RC 框架柱的初始弹性刚度；K'_e为完好构件的弹性刚度。

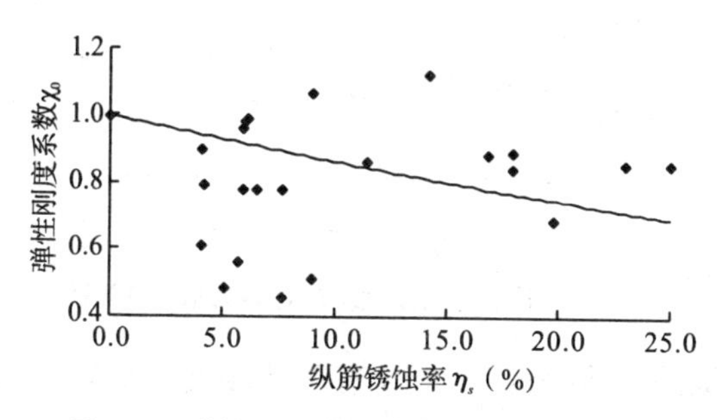

图 4.3 弹性刚度系数与纵筋锈蚀率的关系

由图 4.3 可以看出，随着纵筋锈蚀率的增加，对锈蚀弹性刚度系数的影响越来越明显，尤其是当纵筋锈蚀率大于 15%时，设计参数相同的锈蚀 RC 框架柱的初始刚度较未锈蚀的小 20%以上。这主要是由于纵筋锈蚀导致纵筋与混凝土界面开裂，黏结强度降低。锈蚀弹性刚度系数 χ_0 与纵筋锈蚀率 η_s 之间的函数关系为

$$\chi_0 = e^{-0.0146\eta_s} \tag{4-2}$$

式中，η_s为纵筋锈蚀率。

(2) 纵筋锈蚀率对 RC 框架柱硬化刚度的影响。

图 4.4 为 RC 框架柱硬化刚度系数与纵筋锈蚀率的关系，同样对其做出归一化处理。可以看出，锈蚀 RC 框架柱的硬化刚度系数 χ_1 与未锈蚀硬化刚度系数 χ'_1 的比值随着纵筋锈蚀率的增大而增大，主要是由于纵筋屈服后试件迅速达到峰值荷载，导致硬化刚度较大。当采用指数函数拟合时，可获得较好的效果。硬化刚度系数与纵筋锈蚀率之间的函数关系为

$$\frac{\chi_1}{\chi_1'} = 1.1799e^{0.0295\eta_s} \tag{4-3}$$

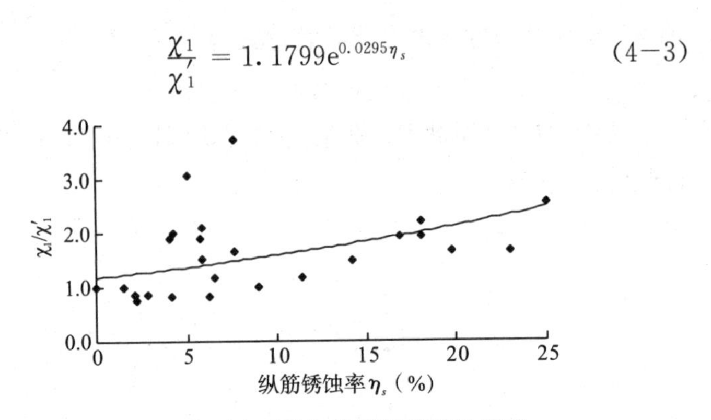

图 4.4　硬化刚度系数与纵筋锈蚀率的关系

(3) 纵筋锈蚀率对 RC 框架柱软化刚度的影响。

图 4.5 为 RC 框架柱软化刚度系数与纵筋锈蚀率的关系。可以看出，软化刚度系数 χ_2/χ_2' 的比值随着纵筋锈蚀率 η_s 的增大而增大，即纵筋锈蚀率越大，骨架曲线下降段越陡峭，其中 χ_2' 为未锈蚀试件的软化刚度系数。纵筋锈蚀越严重，构件的刚度退化越明显，抗震性能越差。软化刚度系数与纵筋锈蚀率的关系也可用指数函数拟合，其表达式为

$$\frac{\chi_2}{\chi_2'} = 0.8786e^{0.0519\eta_s} \tag{4-4}$$

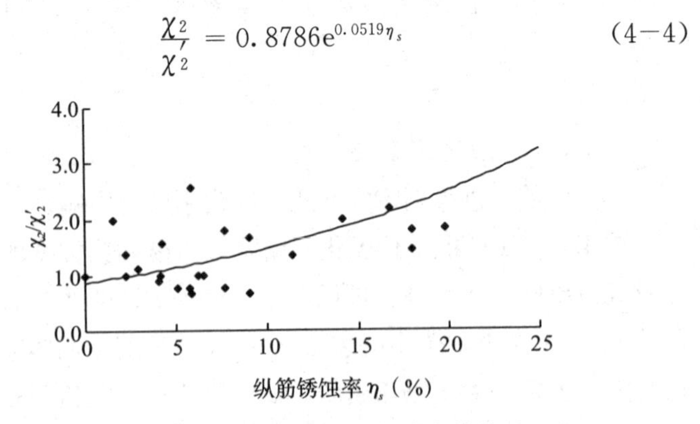

图 4.5　软化刚度系数与纵筋锈蚀率的关系

表 4.1 为试件承载力与刚度退化系数值。

表 4.1 试件承载力与刚度退化系数值

试件编号	纵筋锈蚀率 η_s (%)	轴压比 n	开裂荷载 P_{cr}(kN)	屈服荷载 P_y(kN)	峰值荷载 P_c(kN)	极限荷载 P_u(kN)	弹性刚度系数 χ_0	硬化刚度系数 χ_1	软化刚度系数 χ_2
ZZ—1[32]	0	0.27	20.0	41.78	50.15	42.63	1.00	0.18	−0.09
Z—3	18	0.27	30.0	37.11	43.54	37.01	0.97	0.40	−0.16
Z—4	18	0.27	30.0	36.31	42.27	35.93	1.08	0.35	−0.13
Z—5	23	0.27	30.0	31.34	37.01	31.46	0.84	0.30	−0.49
Z—7	25	0.27	30.0	36.89	44.37	37.71	0.86	0.46	−0.50
XZ—1[33]	7.64	0.4	30.0	42.05	49.50	42.08	0.85	0.30	−0.16
XZ—2	5.70	0	20.0	23.92	28.06	23.85	0.56	0.34	−0.07
XZ—3	7.62	0	20.0	22.87	27.44	23.32	0.46	0.67	−0.07
XZ—4	8.96	0	20.0	24.23	28.89	24.56	0.51	0.95	−0.06
XZ—5	4.23	0.4	30.0	44.45	51.30	43.61	0.79	0.36	−0.14
XZ—6	5.07	0	20.0	22.36	28.56	24.28	0.45	0.55	−0.07
XZ—7	4.06	0.2	25.0	38.43	44.32	37.67	0.61	0.34	−0.08
XZ—8	5.87	0.2	25.0	36.08	42.45	36.08	0.78	0.38	−0.06
XZ—9	6.56	0.2	25.0	35.94	41.66	35.41	0.78	0.21	−0.09
XZ—10	5.87	0.4	25.0	46.31	55.73	47.37	0.96	0.27	−0.23
Z—1[34]	0.00	0.23	56.0	130.0	161.0	136.85	1.00	0.12	−0.06
Z—2	4.10	0.23	60.0	132.0	156.0	132.60	1.00	0.10	−0.06
Z—3	6.2	0.23	60.0	125.0	149.0	126.65	1.02	0.10	−0.06
Z—4	9.00	0.23	63.0	121.0	150.0	127.50	1.07	0.12	−0.10
Z—5	11.40	0.23	60.0	102.0	130.0	110.50	1.09	0.14	−0.08
Z—6	14.20	0.23	65.0	109.0	134.0	113.90	1.12	0.18	−0.12
Z—7	16.80	0.23	66.0	117.0	145.0	123.25	0.94	0.23	−0.13
Z—8	19.80	0.23	65.0	101.0	124.0	105.40	1.04	0.20	−0.11
Z—3[35]	2.18	0.3	56.0	153.6	166.5	141.53	0.86	0.06	−0.11
Z—5	0	0.5	60.0	172.5	190.0	161.50	1.00	0.08	−0.08
Z—6	1.55	0.5	60.0	171.3	184.7	157.00	0.74	0.08	−0.16
Z—7	2.16	0.5	63.0	169.2	182.2	154.87	0.93	0.07	−0.08
Z—8	2.85	0.5	67.0	165.6	178.8	151.98	0.96	0.07	−0.09

2）锈蚀对 RC 框架柱变形能力的影响

前文已论述采用峰值位移延性系数和极限位移延性系数两指标可以全面地掌握锈蚀 RC 框架柱的变形能力，因此本小节主要考察纵筋锈蚀率对 RC 框架柱峰值位移延性系数和极限位移延性系数的影响。试件变形能力计算值见表 4.2。

表 4.2　试件变形能力计算值

试件编号	纵筋锈蚀率 η_s（%）	屈服位移 Δ_y（mm）	峰值位移 Δ_c（mm）	极限位移 Δ_u（mm）	峰值位移延性系数 u_c	极限位移延性系数 u_u
ZZ−1[32]	0	9.32	22.54	41.54	2.42	4.46
Z−3	18	7.85	14.32	24.10	1.82	2.83
Z−4	18	6.79	13.22	23.61	1.95	3.47
Z−5	23	8.23	15.20	18.35	1.85	2.23
Z−7	25	9.03	15.62	19.24	1.73	2.13
XZ−1[33]	7.64	10.84	19.75	32.52	1.63	3.00
XZ−2	5.70	9.29	16.09	41.15	1.73	4.42
XZ−3	7.62	10.42	15.59	47.21	1.49	4.52
XZ−4	8.96	9.82	13.27	45.36	1.35	4.61
XZ−5	4.23	12.04	20.40	36.36	1.69	3.02
XZ−6	5.07	11.67	17.00	48.98	1.46	4.21
XZ−7	4.06	13.42	23.23	55.39	1.73	4.13
XZ−8	5.87	10.12	16.85	47.18	1.67	4.66
XZ−9	6.56	9.91	21.71	42.02	2.19	4.24
XZ−10	5.87	10.77	20.70	29.59	1.92	2.75
Z−1[34]	0.0	3.10	9.50	19.50	3.06	6.29
Z−2	4.10	3.0	8.90	18.70	2.97	6.23

续表4.2

试件编号	纵筋锈蚀率 η_s(%)	屈服位移 Δ_y(mm)	峰值位移 Δ_c(mm)	极限位移 Δ_u(mm)	峰值位移延性系数 u_c	极限位移延性系数 u_u
Z－3	6.20	2.80	8.40	17.20	3.0	6.14
Z－4	9.00	2.70	8.20	13.20	3.04	4.89
Z－5	11.40	2.30	6.60	12.30	2.87	5.35
Z－6	14.20	2.30	5.30	8.90	2.30	3.87
Z－7	16.80	2.97	5.64	10.02	1.91	3.37
Z－8	19.80	2.30	5.0	9.10	2.17	3.96
Z－3[35]	2.18	4.72	11.07	17.89	2.35	3.79
Z－5	0.0	4.54	10.01	18.95	2.20	4.17
Z－6	1.55	6.07	12.36	18.52	2.04	3.05
Z－7	2.16	4.8	10.12	19.4	2.11	4.04
Z－8	2.85	4.53	9.78	18.16	2.16	4.01

锈蚀 RC 框架柱纵筋锈蚀率与峰值位移延性系数和极限位移延性系数的关系如图 4.6 所示。可以发现，锈蚀 RC 框架柱的峰值位移延性系数和极限位移延性系数随着锈蚀率的增加而降低，其中峰值位移延性系数降低相对缓慢，而极限位移延性系数迅速降低，它随着纵筋锈蚀率的增长呈负指数型减小。对于锈蚀严重的试件，峰值位移延性系数为未锈蚀试件的 1/2～3/4，而极限位移延性系数只有未锈蚀试件的 1/3～1/2。这说明 RC 框架柱越接近破坏状态，纵筋锈蚀的影响越明显。

峰值位移延性系数 μ_c 和极限位移延性系数 μ_c 与纵筋锈蚀率 η_s 之间的关系如下：

$$\mu_c = \frac{\Delta_c}{\Delta_y} = -0.0155\eta_s + 2.2308 \tag{4-5}$$

$$\mu_u = \frac{\Delta_u}{\Delta_y} = 4.6819e^{-0.021\eta_s} \tag{4-6}$$

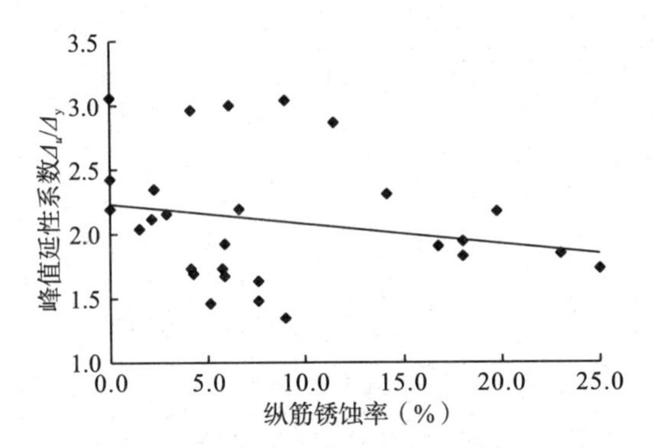

(a) 峰值位移延性系数与纵筋锈蚀率的关系

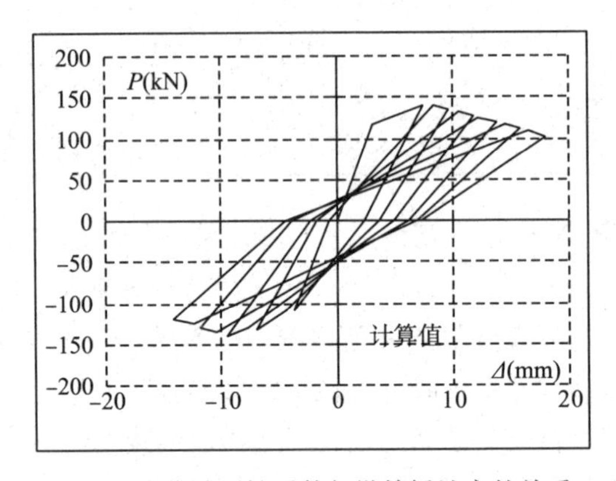

(b) 极限位移延性系数与纵筋锈蚀率的关系

图 4.6　位移延性系数与纵筋锈蚀率的关系

4.1.1.2　锈蚀 RC 框架柱恢复力模型骨架曲线参数确定

通过对上一小节收集的试验数据统计回归，可确定锈蚀构件恢复力模型骨架线特征点参数和纵筋锈蚀率，以及完好构件恢复力模型骨架线参数的关系，具体表达式如下：

屈服剪力 P_y 和屈服位移 Δ_y：

$$P_y = (-0.0078\eta_s + 0.9264)P'_y \tag{4-7}$$

$$\Delta_y = 1.1285e^{-0.0145\eta_s}\Delta'_y \tag{4-8}$$

峰值剪力 P_c 和峰值位移 Δ_c：

$$P_c = (-0.0058\eta_s + 0.9118)P'_c \tag{4-9}$$

$$\Delta_c = 1.0025e^{-0.0259\eta_s}\Delta'_c \tag{4-10}$$

极限剪力 P_u 和极限位移 Δ_u：

对于构件的极限剪力，取其为 0.85 倍的峰值剪力，即：

$$P_u = 0.85P_c \tag{4-11}$$

$$\Delta_u = 1.1327e^{-0.04\eta_s}\Delta'_u \tag{4-12}$$

基于文献［36］中完好构件恢复力模型计算公式，通过式（4−1）～式（4−12）可计算出锈蚀 RC 框架柱恢复力模型骨架线上的 6 个参数点值，从而确定锈蚀构件的骨架线。

骨架线上的承载力和位移特征点确定后，即可确定初始弹性刚度、硬化刚度和软化刚度，其计算方法如下：

初始弹性刚度：

$$K_e = \frac{P_y}{\Delta_y} \tag{4-13}$$

初始硬化刚度：

$$K_s = \frac{P_c - P_y}{\Delta_c - \Delta_y} \tag{4-14}$$

初始软化刚度：

$$K_d = \frac{P_u - P_c}{\Delta_u - \Delta_c} \tag{4-15}$$

4.1.1.3　锈蚀 RC 框架柱恢复力模型的滞回规则

在确定了恢复力模型的骨架曲线之后，关键是规定其滞回规则。锈蚀构件与未锈蚀构件恢复力模型建立的步骤基本一致，需要计算的参数相同，只是考虑了锈蚀对滞回曲线的不利影响。已有考虑强度退化的恢复力模型，大多数采用顶点指向型滞回规则，通过改变初始骨架曲线，或者改变再加载所指向点的荷载或位移值，从而达到反映强度退化的目的。其优点在于与实际滞回特性较为相符，参数意义明确。

本节利用上述方法，并结合文献［37］中的研究成果，以考虑强度退化及刚度退化。其基本思路是：当加载首次超过初始屈服点后，每卸载一次后再加载时，根据退化指数计算发生退化后的屈服荷载和刚度等值，重新确定骨架曲线。该方法的关键是计算退化指数，此处采用基于能量耗散的退化指数，具体过程参见下文。本专著恢复力模型的滞回规则由普通滞回规则和退化准则两部分构成。普通滞回规则仍采用顶点指向型，退化准则分为强度退化和刚度退化准则。通过强度和刚度退化值的计算，从而对指向点进行修正。

1）强度退化

构件或结构在往复循环荷载作用下，当达到同一级位移时，它所对应的荷载值将随着循环次数的增加而减小，称之为强度退化。本节恢复力模型的强度退化为整个骨架线上的强度退化，包括基本段与下降段上的强度退化，如图 4.7 所示。构件在未屈服前，将沿着弹性段往复，即$\overline{01}$段。一旦加载超过屈服值后再卸载，则再加载骨架线上的屈服荷载小于初始屈服荷载，或小于前一循环荷载所对应的屈服荷载，即 $P_{y1}^{+}<P_{y}^{+}$，$P_{y1}^{-}<P_{y}^{-}$；再加载线并非指向上一循环的最大位移点，而是指向比最大位移点所对应的荷载值更低的点，即指向点 8 而不是点 2；同样，相比前一循环，后一循环的峰值荷载也会减小，最终促使滞回环发生改变。

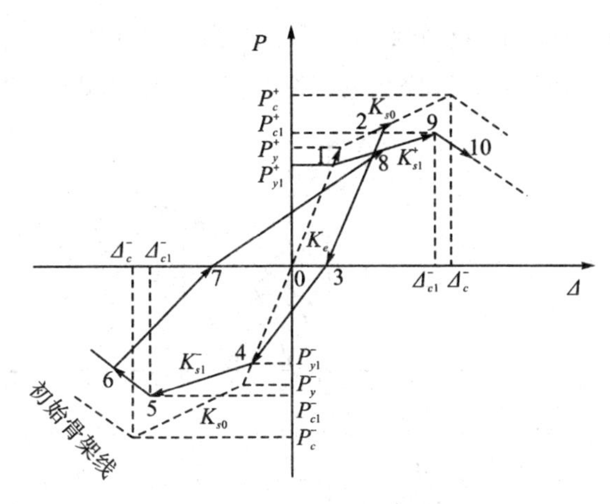

图 4.7　强度退化示意

2）刚度退化

刚度退化是指构件或结构在各种往复荷载作用下，刚度逐步降低，直至破坏的整个过程。为了便于说明刚度退化的规则，在此处不考虑强度退化的影响，单独分析往复荷载作用下刚度衰减情况。

本专著建立的恢复力模型中，刚度退化主要包括硬化刚度退化、卸载刚度退化和再加载刚度退化三部分，不考虑负刚度段的退化，即软化刚度值保持不变。在弹性阶段，加卸载刚度相同，不发生退化；超过屈服点后卸载，每卸载一次，卸载刚度都相应地减小，如图 4.8 所示，超过屈服点第一次卸载时，认为卸载刚度 K_{u1} 等于 K_e，当循环至正向第二次卸载时，卸载刚度由 K_{u1} 减小为 K_{u2}。硬化刚度的退化是指在新的骨架线上的硬化刚度发生退化变小，与初始硬化刚度不相等，如图 4.7 所示，经过一轮荷载循环后，硬化刚度由 K_{s0} 衰减为 K_{s1}；再加载刚度的加速退化引入目标位移进行考虑，即再加载线不是指向上一轮最大位移点，而是指向比该点更远的点，再加载线并非由点 8 指向点 2，而是指向点 9。如果在卸载途中再次加载，则再加载刚度与卸载刚度相同，即沿着卸载路径返回卸载点，如图 4.8 中$\overline{56}$段所示。

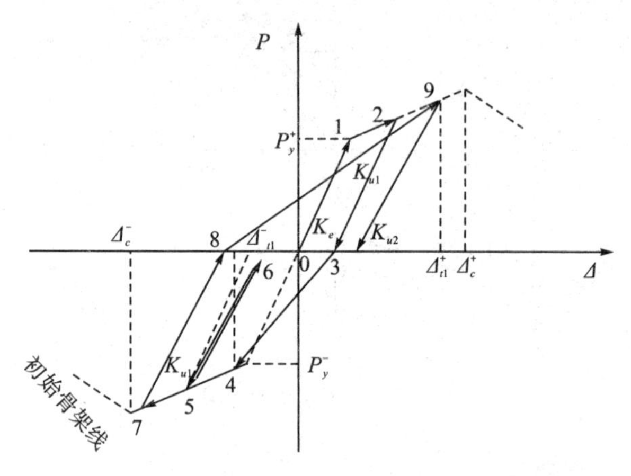

图 4.8　刚度退化示意

3）确定退化参数

Rahnama 和 Krawinkle[38]从能量耗散角度研究了往复荷载作用下构件刚度及强度退化。其基本假定是：构件或结构在往复荷载作用下的滞回耗能能力是固定值，不考虑荷载历程的影响。Luis F. Ibarra 等[39]利用其方法研究了单自由度体系的地震反应，与实际符合较好。本专著鉴于 Rahnama 等提出的理论与方法，建议退化指数定义为

$$\beta_i = \left(\frac{E_i}{E_t - \sum_{j=1}^{i} E_j}\right)^{3/2} \tag{4-16}$$

式中，E_i为第 i 次循环滞回耗能值，如图 4.9 所示；$\sum_{j}^{i} E_j$为截止到第 i 次循环滞回耗能值；β_i属于 0～1.0 之间，若 β_i小于 0 或大于 1，结构的滞回能量已被耗尽，则认为已发生倒塌；E_t为锈蚀结构总滞回耗能值，表示从开始加载至极限破坏点耗

散的能量，其值可取为结构达到极限破坏时对应的功比系数与5倍的弹性应变能之积，按下式计算[40]：

$$E_t = 2.5I_u(P_y\Delta_y) \tag{4-17}$$

式中，P_y，Δ_y分别为锈蚀结构的屈服荷载和屈服位移，可由式（4－7）和式（4－8）依次求得；I_u为锈蚀结构的极限功比系数，功比系数受多种因素影响，目前只能由试验来确定，参考已有文献［41］得到锈蚀RC框架柱的极限功比系数与锈蚀率的关系，当钢筋锈蚀量确定后，可计算出I_u。由此可知，通过式（4－17）能够求解出总耗能值E_t。

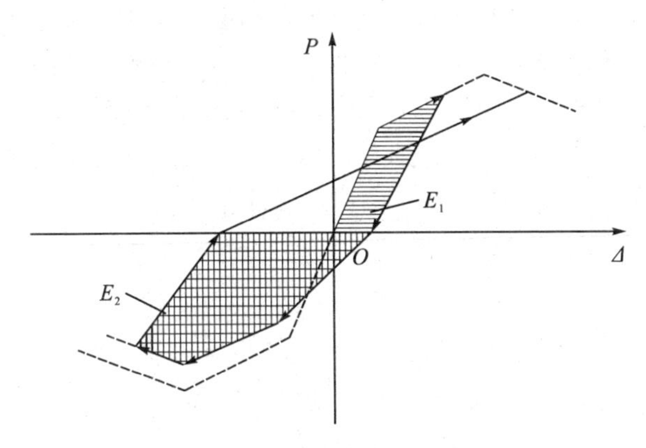

图4.9　滞回环耗能示意

退化指数确定后，即能够计算每一循环加载完成时衰减后的强度与刚度值，计算公式如下：

峰值荷载、屈服荷载计算表达式分别为

$$P_{ci}^{+} = (1-\beta_i)P_{c(i-1)}^{+},\ P_{ci}^{-} = (1-\beta_i)P_{c(i-1)}^{-} \tag{4-18}$$

$$P_{yi}^{+} = (1-\beta_i)P_{y(i-1)}^{+},\ P_{yi}^{-} = (1-\beta_i)P_{y(i-1)}^{-} \tag{4-19}$$

式中，$P_{ci}^{+/-}$，$P_{yi}^{+/-}$分别为第i次荷载循环后结构的峰值荷载，屈服荷载；$P_{c(i-1)}^{+/-}$，$P_{y(i-1)}^{+/-}$为第i次加载循环之前结构的峰值荷载，屈服荷载。上标“±”代表加载方向，其中“+”表示正向加载，“－”表示反向加载。

硬化刚度、卸载刚度计算表达式分别为

$$K_{si}^{+}=(1-\beta_i)K_{s(i-1)}^{+},\ K_{si}^{-}=(1-\beta_i)K_{s(i-1)}^{-} \quad (4-20)$$

$$K_{ui}=(1-2\beta_i)K_{u(i-1)} \quad (4-21)$$

式中，$K_{s(i-1)}^{-}$，K_{si}^{+}分别为第 i 次荷载循环之前和之后结构的硬化刚度；卸载刚度的初始值取初始弹性刚度 K_e，以后的卸载刚度可利用上式由前次卸载刚度依次计算，与其他参数退化模型不同的是正负向卸载刚度的退化并未用正负号予以区分，构件在每级荷载循环中正、负向卸载刚度相同。

传统恢复力模型并未考虑再加载刚度的加速退化，认为其指向上一循环最大位移点。本专著以放大上一循环的最大位移点来反映卸载刚度的退化，即再加载曲线不是指向上一轮最大位移点，而是指向比该点更远的点。如图 4.8 所示，再加载线并非由点 8 指向点 2，而是指向点 9。$\Delta_{ti}^{\pm}$的计算公式为

$$\Delta_{ti}^{+}=(1+0.5\beta_i)\Delta_{t(i-1)}^{+},\ \Delta_{ti}^{-}=(1+0.5\beta_i)\Delta_{t(i-1)}^{-} \quad (4-22)$$

式中，Δ_{t0}为试件屈服后第一次卸载点对应的最大位移；$\Delta_{ti}^{\pm}$为正向或负向第 i 次加载指向点的目标位移。

4.1.1.4　锈蚀 RC 框架柱恢复力模型

上文已确定了滞回规则，参考文献［36］中完好构件恢复力模型计算公式，并结合式（4－1）～式（4－12）可计算锈蚀 RC 柱的骨架线以及相关参数退化值，能够建立恢复力模型，如图 4.10 所示。

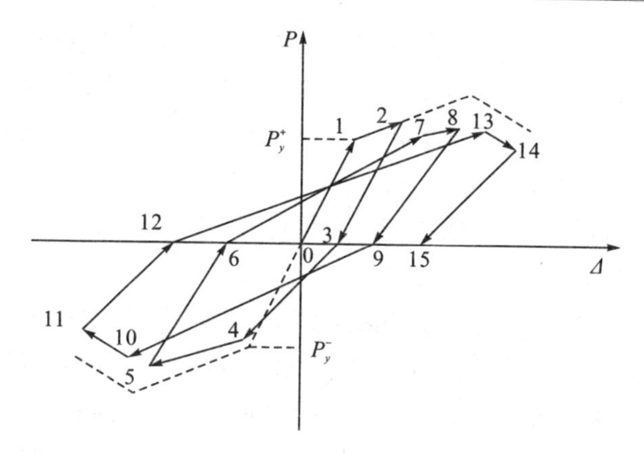

图 4.10　锈蚀 RC 框架柱恢复力模型简图

在$\overline{01}$阶段，试件未屈服，处于弹性阶段，加载后卸载沿原路径返回至原点；试件屈服后，未达到峰值荷载前卸载（图中箭线$\overline{12}$），将沿路径$\overline{23}$返回，产生永久变形（$\overline{03}$段），初始卸载刚度K_{u1}取为K_e。

由点 3 反向加载，根据式（4－19）和式（4－20）分别计算负向屈服荷载P_{y1}^-，硬化刚度K_{s1}^-，确定新的骨架曲线，再由式（4－22）可算得点 4 坐标值，加载至点 5 卸载；在$\overline{56}$段卸载刚度由式（4－21）确定，确定再加载段$\overline{67}$与上述方法相同。

若根据式（4－22）所计算的再加载目标位移超过原始骨架线的峰值位移，如图 4.10 中点 9 到点 10，则从点 10 继续加载时只有下降段$\overline{1011}$；由于不考虑下降段刚度的退化作用，故软化刚度K_d的值保值不变（斜率为定值）。恢复力模型中的下一个荷载循环相关参数的确定方法与本循环相同，在此不再赘述。

4.1.1.5　锈蚀 RC 框架柱恢复力模型的验证

由于实际工程结构或构件的滞回曲线是非常复杂的，就决定了恢复力模型是不可能完全精确地模拟其特性，一般都允许有一定范围的误差。但滞回曲线的模型化并不是简单随意的，恢复力模型除了必须能够反映基本滞回特性之外，还要在其他方面尽可能与原始滞回曲线相近。日本学者北川博通过长期研究结构振动特性与滞回曲线的几何形状关系，提出了能够真实地反映滞回特性的等效几何条件：

（1）恢复力模型的滞回环面积与实际所得滞回曲线的滞回环面积相等，即两者耗能相等。

（2）恢复力模型的骨架线与实际所得滞回曲线的骨架线相同。

实际上，上述条件相当于是对恢复力模型与试验所得滞回曲线进行了某种形式的等效。由于滞回曲线受多重因素的影响，导致恢复力模型不可能绝对满足以上条件，但是必须控制其误差。

因此，结合上文已建立的锈蚀 RC 框架柱的恢复力模型，为了验证其正确性和适用性，任选一试件的试验值与理论计算值从两方面进行对比：骨架线和滞回耗能。本专著分别选用钢筋锈蚀为轻度、中等和严重的 5 个 RC 框架柱试件进行分析验证（参考文献［32－34］中试验数据）。验证过程分为如下几个计算步骤：

步骤 1：根据文献［36］计算未锈蚀构件的骨架线特征点值。

步骤 2：结合步骤 1 所得结果，根据式（4－1）～式（4－15）计算锈蚀构件骨架线特征点值和刚度值。

步骤 3：绘制骨架线。

步骤 4：沿骨架线完成正向第一次加载和卸载。

步骤 5：若卸载点位移小于屈服位移，则重复步骤 4。若卸载点位移大于屈服位移，则根据式（4－16）和式（4－17）计算退化参数，根据式（4－19）～式（4－22）计算正向卸载刚度（初始卸载刚度 K_{u1} 取为 K_e），反向加载时的屈服荷载、硬化刚度和目标位移。

步骤 6：沿重新确定的骨架线完成反向加载。

步骤 7：根据式（4－16）和式（4－17）计算退化参数，并由式（4－19）～式（4－22）计算正向屈服荷载、硬化刚度、卸载刚度和目标位移。

步骤 8：沿重新确定的骨架线完成正向加载。

步骤 9：若正向加载时目标位移小于峰值位移，则重复步骤 1 至 9；若目标位移大于峰值位移，则计算退化参数后，再根据式（4—18）和式（4—22）计算峰值荷载及目标位移。

步骤 10：重复步骤 9，反向加载情形与正向加载相同。

根据上文的步骤，将本专著计算的滞回曲线与原始试验滞回曲线进行对比分析，如图 4.11 所示。

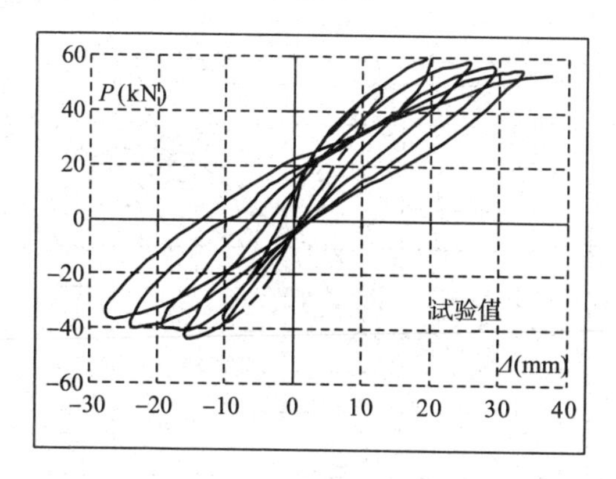

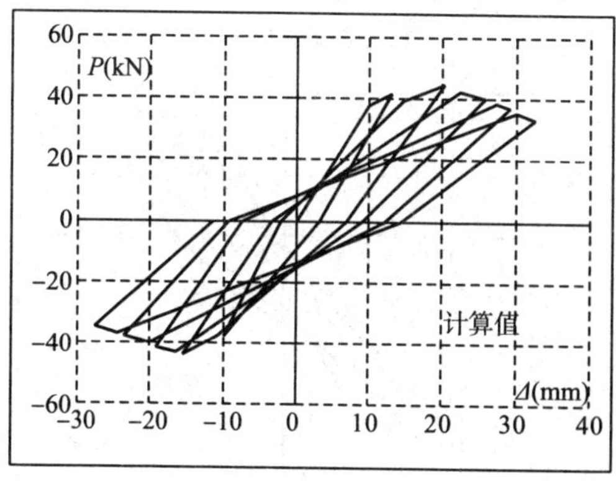

（a）锈蚀率 4.23%

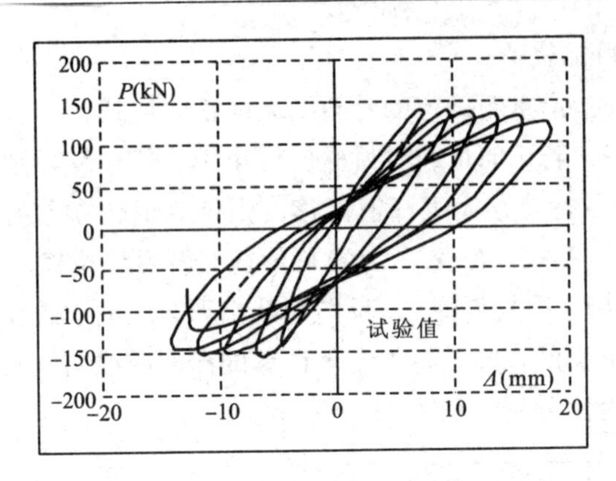
P(kN)
试验值
Δ(mm)
200
150
100
50
0
−50
−100
−150
−200
−20
−10
0
10
20

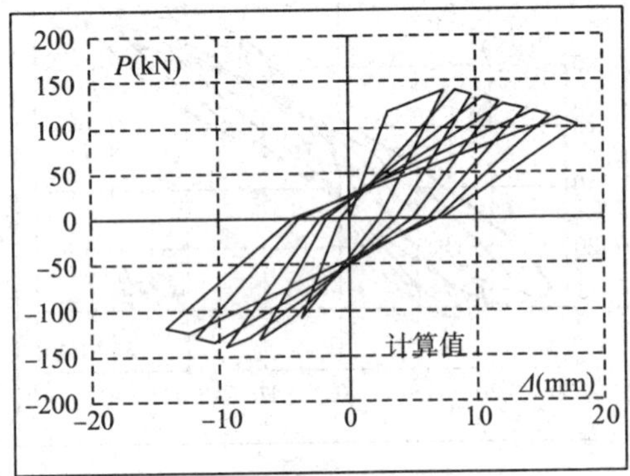
P(kN)
计算值
Δ(mm)
200
150
100
50
0
−50
−100
−150
−200
−20
−10
0
10
20

(b) 锈蚀率 6.2%

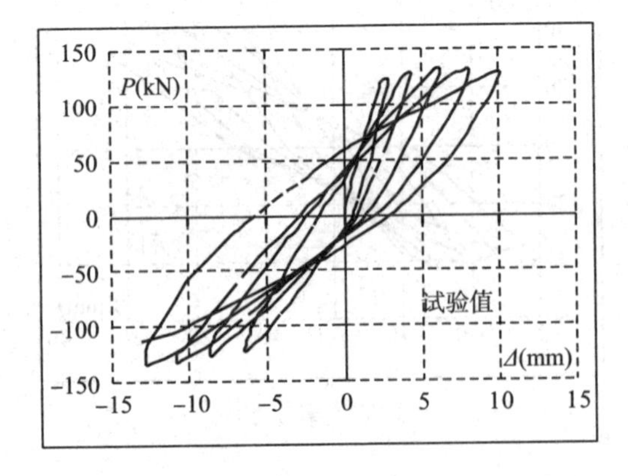
P(kN)
试验值
Δ(mm)
150
100
50
0
−50
−100
−150
−15
−10
−5
0
5
10
15

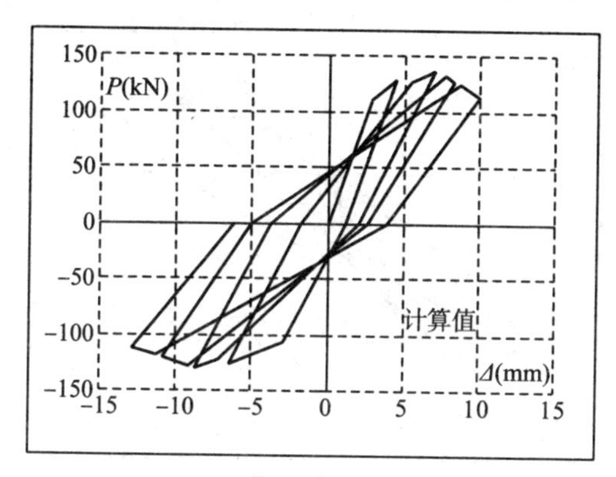

(c) 锈蚀率 11.4%

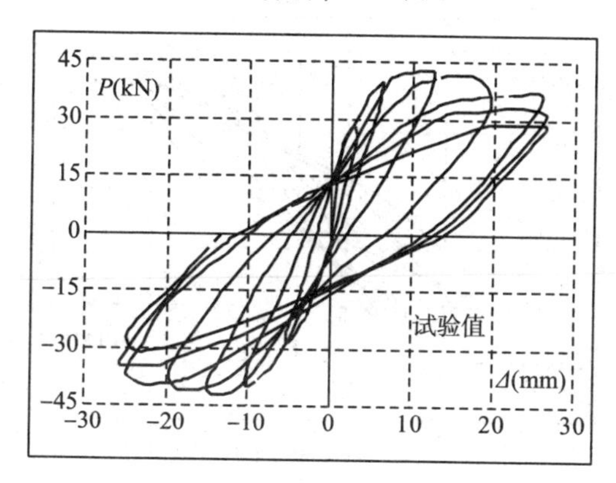

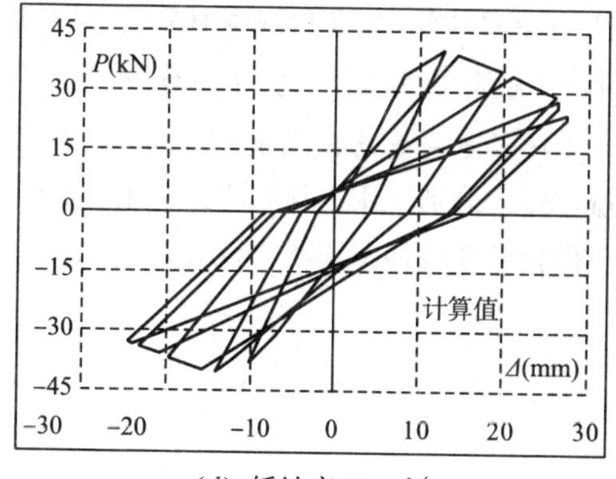

(d) 锈蚀率 18.0%

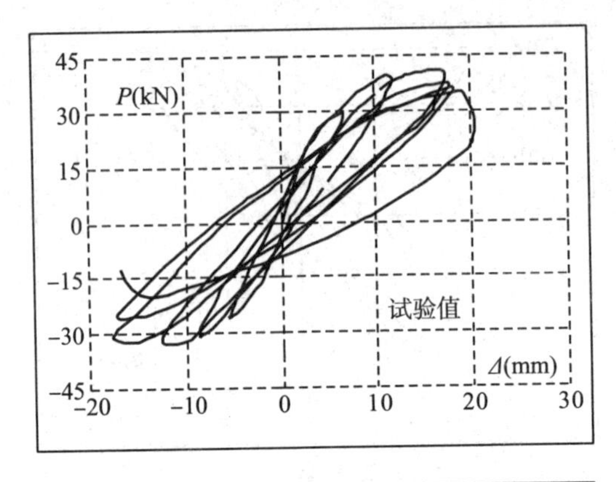

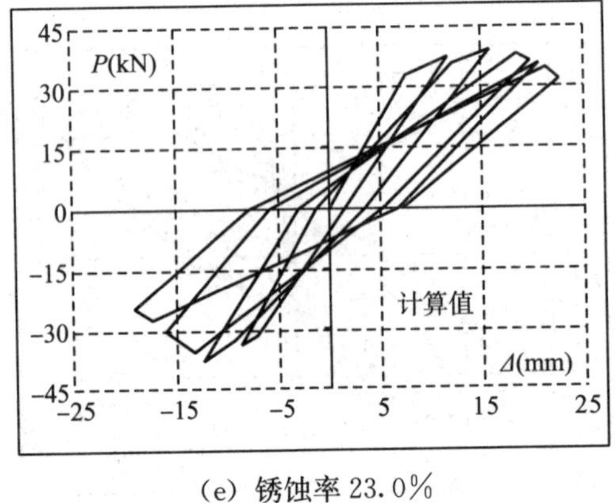

(e) 锈蚀率 23.0%

图 4.11 不同锈蚀率试件的滞回曲线计算值与试验值对比

4.1.1.6 与已有恢复力模型的对比分析

为了进一步比较本专著方法与文献［42］、文献［36］方法各自的优缺点，作者分别采用 3 种算法计算出骨架线特征点。试验骨架曲线与拟合骨架线如图 4.12 所示。

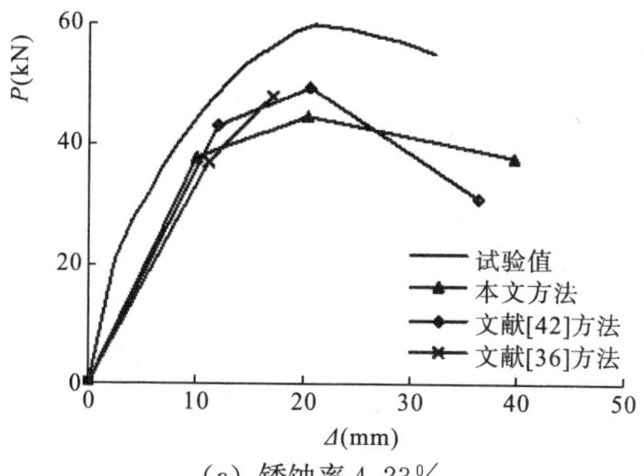

(a) 锈蚀率 4.23%

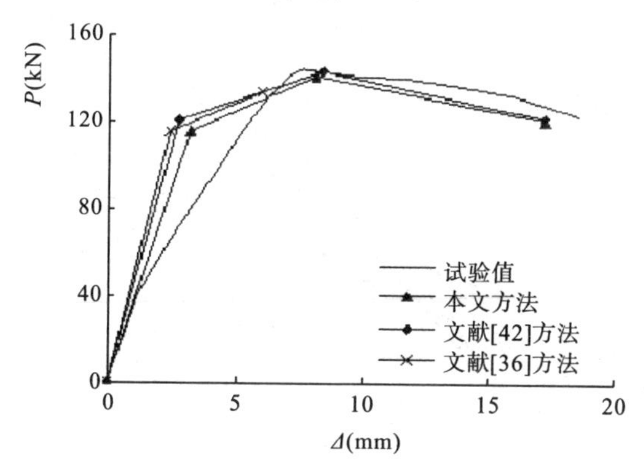

(b) 锈蚀率 6.2%

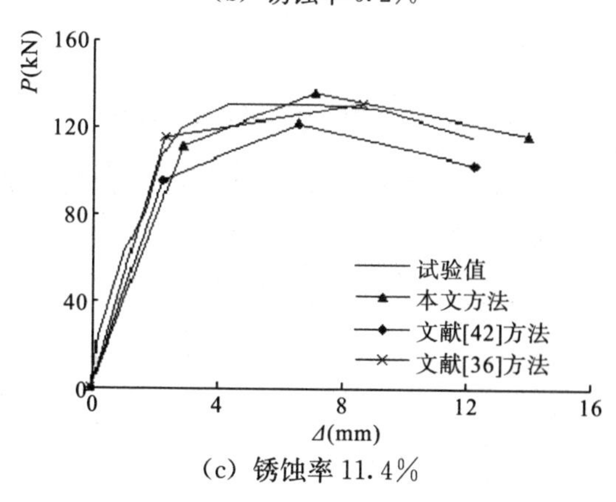

(c) 锈蚀率 11.4%

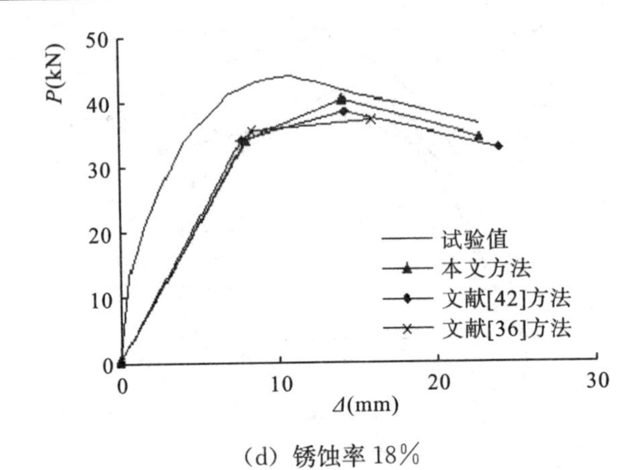

(d) 锈蚀率 18%

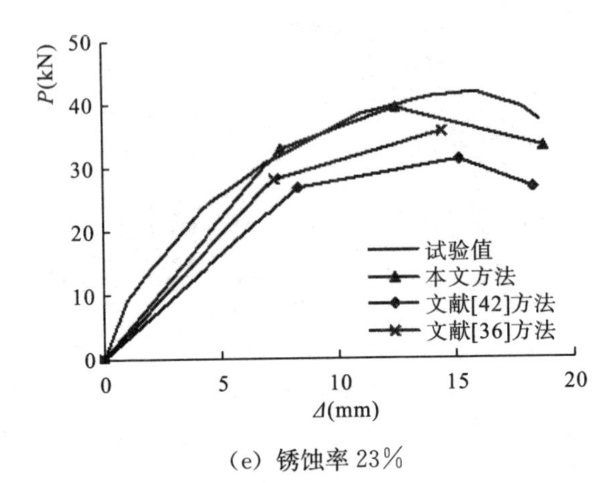

(e) 锈蚀率 23%

图 4.12 不同计算方法骨架线对比

图 4.13 对比了按文献［42]、文献［36］以及本文方法计算的试件滞回曲线。

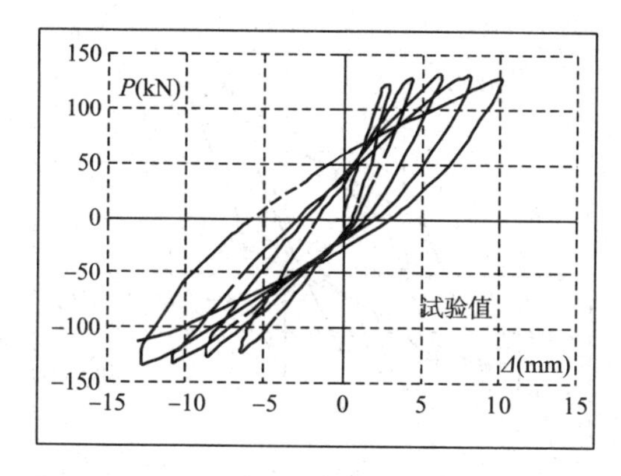
P(kN)
试验值
Δ(mm)
150
100
50
0
−50
−100
−150
−15
−10
−5
0
5
10
15

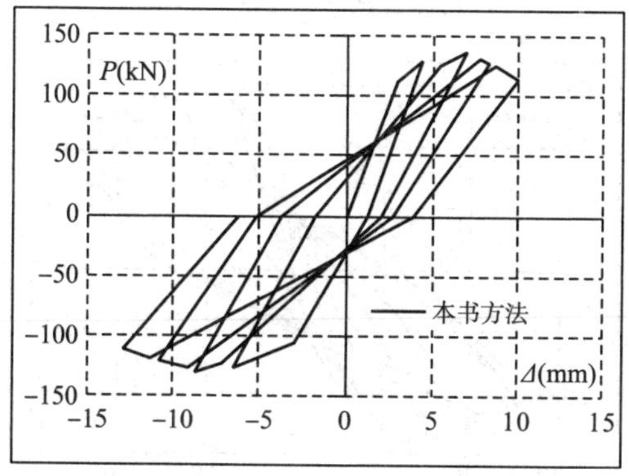
P(kN)
本书方法
Δ(mm)
150
100
50
0
−50
−100
−150
−15
−10
−5
0
5
10
15

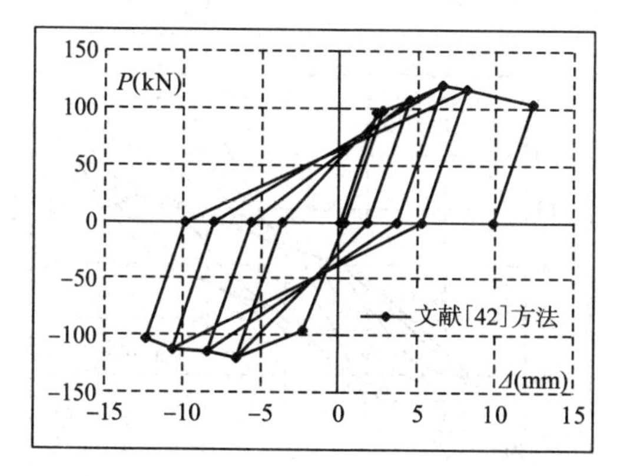
P(kN)
文献[42]方法
Δ(mm)
150
100
50
0
−50
−100
−150
−15
−10
−5
0
5
10
15

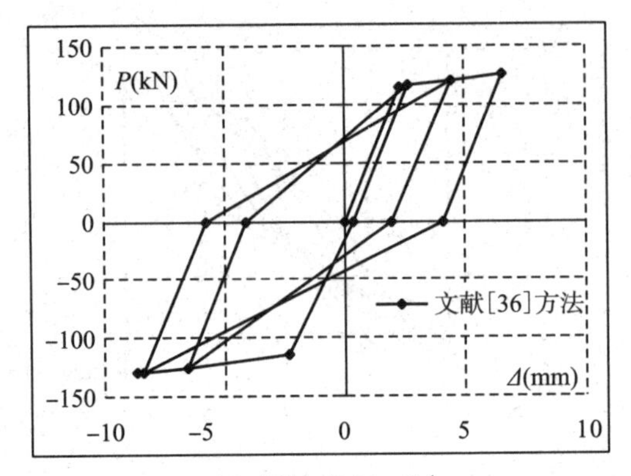
P(kN)
150
100
50
0
-50
-100
-150
-10
-5
0
5
10
文献[36]方法
Δ(mm)

(a) 锈蚀率11.4%

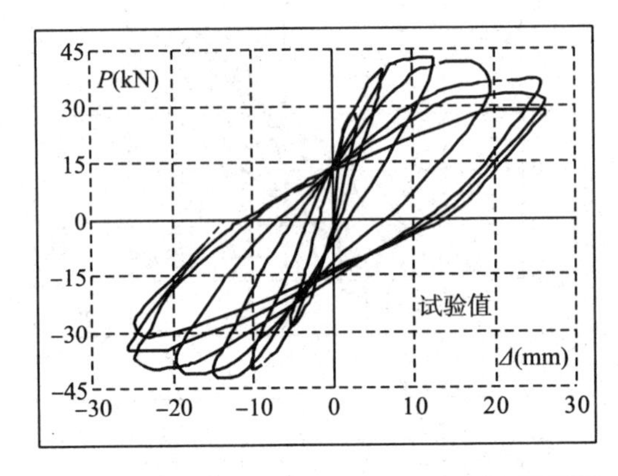
P(kN)
45
30
15
0
-15
-30
-45
-30
-20
-10
0
10
20
30
试验值
Δ(mm)

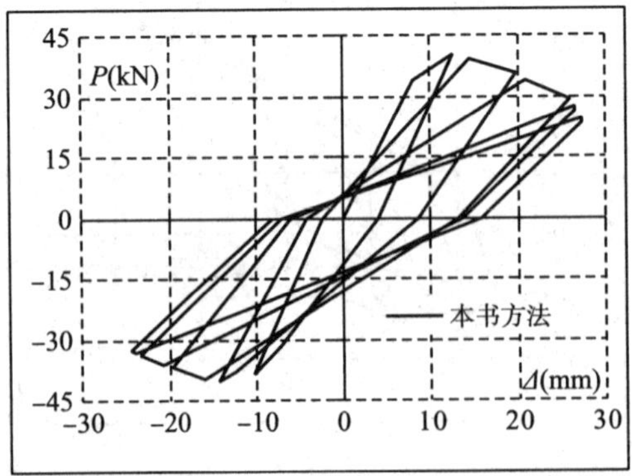
P(kN)
45
30
15
0
-15
-30
-45
-30
-20
-10
0
10
20
30
本书方法
Δ(mm)

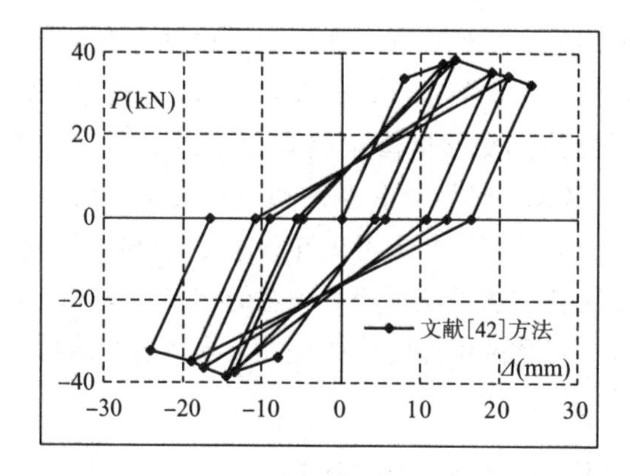

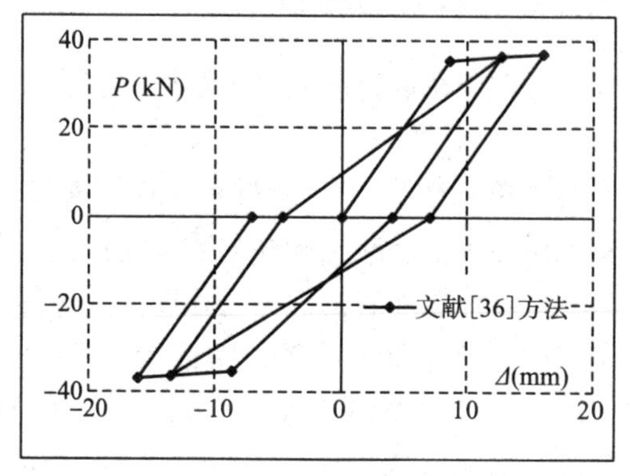

（b）锈蚀率 18%

图 4.13 不同方法计算的滞回曲线对比

综上所述，虽然目前已有的 3 种锈蚀钢筋混凝土压弯构件的恢复力模型建立的前提相同，即均假定锈蚀 RC 构件与完好构件的滞回曲线在形式上相同，只是在具体的数值上有所差异。本专著所建立的锈蚀 RC 结构恢复力模型虽然也同为此假定，但是不仅考虑了再加载刚度、卸载刚度和硬化刚度退化，还考虑了负刚度段。因为在结构倒塌分析过程中，负刚度段对倒塌模式有重要影响，考虑负刚度段后，将能更为准确地评估锈蚀 RC 框架结构在强震作用下的抗倒塌能力。文献［43］中的模型并未考虑随着循环次数的增加，构件强度、卸载刚度和硬化刚度等的退化，而只考虑了再加载刚度的退化，这是由 Clough 模型的特点所决定的，且对锈蚀构件变形量修正起来很复杂，不方便使用；文献［42］中虽然考虑了轴压比和锈蚀率双重因素对锈蚀构件恢复力模型的影响，但是同样并未考虑卸载刚度和强度等退化，在锈蚀率较小时采用此方法可获得相对满意的结果；文献［36］利用双线型模型来模拟锈蚀构件的滞回特性，模型过于简单，不能充分反映其性能变化规律。

4.1.2 在役 RC 结构数值模型

目前，国内外对于锈蚀钢筋混凝土结构的数值模拟方法主要有以下 3 种：

（1）基于实体单元建模[44]，从材料层面，通过修改材料的本构关系，实现锈蚀钢筋混凝土梁柱的数值建模，定量地分析锈蚀构件的静力及抗震性能随着构件劣化程度的变化规律。

（2）基于截面弯矩—曲率关系的塑性铰模型[45]，通过截面分析软件（XTRACT、SEMAP 等）得到 RC 梁柱塑性铰的模型，接着对其进行简化（两折线、三折线），采用现有商业有限元软件 SAP2000、CAPP 及 Midas 等进行 Pushover 静力非线性分析。

（3）基于材料性能退化规律，课题组[46]采用可以考虑弯矩—轴力耦合的基于材料应变的纤维塑性铰模型，对轻微锈蚀（锈蚀量≤10％）RC 多龄期框架结构进行数值建模，以验证所建立数值模型的精确与实用性；同时，采用课题组提出的基于截面的恢复力模型，建立相应 RC 多龄期框架结构数值模型，与基于材料应变的精细化模型进行对比分析、互相修正。

（4）对于锈蚀量大于 10％的 RC 多龄期框架结构，基于课题组已建立的 RC 构件恢复力模型，采用层模型对 RC 框架进行数值建模。

4.1.2.1 在役 RC 结构基于材料应变的精细化数值模型

将混凝土截面划分为约束区与非约束区，对约束区混凝土极限应变进行锈蚀修正，基于断裂力学与裂缝宽度计算非约束区混凝土强度的锈蚀修正系数；基于锈蚀钢筋剩余直径的概率预测模型，计算得到纵向受力筋及箍筋的剩余直径；基于 SeismoStruct，采用基于材料应变的纤维塑性铰模型，建立考虑材料性能劣化的 RC 框架精细化数值模型，并进行增量动力分析（IDA），得出多龄期结构的易损性曲面及曲线。

1）RC 结构使用年份预测

为确定开始锈蚀的时间，扩散模型取为基于一维的菲克第二定律[46]，在时刻 t 深度为 x 时，氯离子的浓度表达式为

$$C(x,t) = C_s\left[1 - erf\left(\frac{x}{2\sqrt{Dt}}\right)\right] \tag{4-23}$$

式中，C_s 为表面的氯离子的浓度；erf（·）为误差函数；D 为扩散系数；t 为从建造开始结构的服役龄期。

（1）钢筋临界锈蚀时间计算理论。

DuraCrete[47]考虑测量参数的不确定性、环境条件的不同及模型的不确定性，提出了氯离子作用下钢筋锈蚀开始时间的概率模型，计算公式如下：

$$T_{corr} = X_1\left[\frac{d_c^2}{4k_e k_t k_c D_0\ (t_0)^n}\left[erf^{-1}\left(1-\frac{C_{cr}}{C_s}\right)\right]^{-2}\right]^{\frac{1}{1-n}} \tag{4-24}$$

（2）钢筋锈蚀深度计算理论。

采用 Choe[48]提出的基于概率的钢筋直径预测模型，计算公式如下：

$$d_b(t,T_{corr})=\begin{cases}d_{bi}, & t\leqslant T_{corr}\\ d_b(t)=d_{bi}-\dfrac{1.0508\left(1-\dfrac{w}{c}\right)^{-1.64}}{d}, & T_{corr}<t\leqslant T_f\\ 0, & t>T_f\end{cases}$$

(4-25)

式中，$T_f=T_{corr}+d_{bi}\{d_c/[1.0508(1-w/c)^{-1.64}]\}^{1/0.71}$；$d_{bi}$ 为在 $t=0$ 时钢筋初始直径；w/c 为水灰比；d_c 为保护层厚度；t 为钢筋混凝土结构的使用年份。

2）材料耐久性衰变规律

（1）基于裂缝宽度的开裂混凝土强度模型。

通过减少位于保护层混凝土单元的强度和延性，来考虑受压区混凝土的裂缝和碎裂的影响。Vecchio 和 Collins（1986）[49]认为，受压混凝土强度的减少取决于横向平均拉应变的大小，而横向平均拉应变则引起构件的纵向微裂缝，受压区混凝土强度衰减模型计算公式如下：

$$f_{cu}^{crack}=\frac{f_{cu}}{0.8+0.34\varepsilon_1/\varepsilon_{cu}} \qquad (4-26)$$

式中，f_{cu}^{crack} 为开裂混凝土的强度；ε_1 为垂直于受压方向开裂混凝土沿宽度方向的平均（弥散）拉应变；ε_{cu} 为峰值应力 f_{cu} 对应的峰值应变。ε_1 的计算公式如下：

$$\varepsilon_1=(b_f-b_0)/b_0 \qquad (4-27)$$

式中，b_0 为初始状态时截面的宽度（没有出现锈蚀裂缝）；b_f 为由于锈蚀开裂后梁截面的宽度。梁宽度的增加量可以通过如下计算公式近似估计：

$$b_f-b_0=n_{bars}w_{cr} \qquad (4-28)$$

式中，n_{bars} 为顶层钢筋的数量（受压钢筋）；w_{cr} 为对于一个给定的锈蚀程度 X 的总的裂缝宽度。

与受压区混凝土强度折减规律类似，混凝土抗拉强度计算公式如下：

$$f_t^{crack}=\frac{f_{cu}^{crack}}{f_{cu}}f_t \tag{4-29}$$

Molina 等（1993）[50]提出的锈蚀深度 X 和裂缝宽度 w_{cr} 之间的计算公式如下：

$$w_{cr}=\sum_i \mu_{icorr}=2\pi(\upsilon_{rs}-1)X \tag{4-30}$$

式中，υ_{rs} 为锈蚀膨胀系数，其值取 2；μ_{icorr} 为单位周长上的裂缝宽度。

（2）核心区约束混凝土力学性能退化规律。

箍筋直径的锈蚀导致核心区混凝土约束系数的降低，本专著采用 Mander[51]混凝土约束本构模型计算约束混凝土强度。混凝土的极限压应变计算公式如下：

$$\varepsilon_{cu}=0.004+\frac{1.4\rho_v f_{yh}\varepsilon_{syh}}{f_{cc}} \tag{4-31}$$

式中，f_{yh} 为箍筋的屈服强度；ε_{syh} 为箍筋最大拉应力时的拉应变；ρ_v 为箍筋的体积配箍率；f_{cc} 为约束混凝土的强度。

约束混凝土的强度 f_{cc} 的计算公式如下：

$$f_{cc}=f_c\left(2.254\sqrt{1+\frac{7.94f_l'}{f_c}}-\frac{2f_l'}{f_c}-1.254\right) \tag{4-32}$$

式中，f_c 为无约束混凝土的抗压强度；f_l' 为混凝土的有效侧向约束应力。

（3）锈蚀钢筋的细观损伤本构模型。

对于锈蚀后钢筋的力学性能退化规律，按照如下公式[52]考虑：

$$\sigma_s=\begin{cases}E_{s0}\varepsilon_{sc}, & \varepsilon_{sc}\leqslant f_{yc}/E_{s0}\\ f_{yc}, & f_{yc}/E_{s0}<\varepsilon_{sc}\leqslant\varepsilon_{shc}\\ f_{yc}+\dfrac{\varepsilon_{sc}-\varepsilon_{shc}}{\varepsilon_{suc}-\varepsilon_{shc}}(f_{uc}-f_{yc}), & \varepsilon_{sc}>\varepsilon_{shc}\end{cases}$$

$$f_{yc}=(1-1.049\eta_s)f_{y0}$$

$$f_{uc}=(1-1.119\eta_s)f_{u0}$$

$$\varepsilon_{suc}=e^{-2.501\eta_s}\varepsilon_{su0}$$

$$\varepsilon_{shc}=\begin{cases}\dfrac{f_{yc}}{E_{s0}}+\left(\varepsilon_{sh0}-\dfrac{f_{y0}}{E_{s0}}\right)\cdot\left(1-\dfrac{\eta_s}{\eta_{s,cr}}\right), & \eta_s\leqslant\eta_{s,cr}\\ \dfrac{f_{yc}}{E_{s0}}, & \eta_s>\eta_{s,cr}\end{cases}\tag{4-33}$$

式中，E_{s0}为钢筋的弹性模量，文献对已有数据进行统计分析表明钢筋锈蚀时的弹性模量变化不大，故本专著不考虑其变化；η_s为钢筋锈蚀率；f_{y0}，f_{u0}分别为未锈蚀钢筋的屈服强度、极限强度；f_{yc}，f_{uc}分别为锈蚀钢筋的名义屈服强度、名义极限强度；ε_{sy0}，ε_{su0}，ε_{sh0}分别为未锈蚀钢筋的屈服应变、极限应变和强化应变；ε_{sc}，ε_{suc}，ε_{shc}分别为锈蚀钢筋的屈服应变、极限应变和强化应变；$\eta_{s,cr}$为光圆钢筋取10%，变形钢筋取20%。

(4) 锈蚀框架梁柱塑性铰长度计算理论。

基于构件层次的RC框架整体结构数值建模过程中，考虑钢筋锈蚀及混凝土开裂对框架宏观梁柱单元塑性铰长度的影响，按照如下公式定义锈蚀后框架梁柱单元塑性铰区域长度[53]：

$$l_p=0.08L_s+0.022d_pf_y\tag{4-34}$$

式中，d_p为梁底部的钢筋直径；f_y为钢筋的试验屈服荷载；L_s为支座到弯矩零点的距离。式（4-34）考虑了钢筋拉伸应变渗透对塑性铰长度的影响。

3）基于SeismoStruct的数值模型

按照我国规范采用结构设计通用软件PKPM（2010版本），设计一栋3层框架结构。柱网采用6 m×6 m，层高均为3.3 m。抗震设防烈度为8度，设计基本地震加速度为0.2 g，地震分组为第一组，场地类别为Ⅱ类，为二级框架。SeismoStruct中所建立的数值模型，如图 4.14 所示。

图 4.14　三层平面框架结构数值模型

4）锈蚀 RC 框架结构的时变地震易损性曲线及曲面

（1）时变易损性模型。

概率地震需求模型就是建立地震动强度和结构地震需求之间的概率关系，在假定地震需求 $\ln D$ 服从正态分布下，并考虑钢筋混凝土的时变概率退化模型，采用 Cornell[54] 建议的地震需求参数的中位值 $\hat{D}$ 和地震动参数 IM 服从指数关系这一假定，将时间参数引入指数关系，其表达式为

$$\hat{D}(t) = \alpha(t)\ (IM)^{\beta(t)} \tag{4-35}$$

式中，$\alpha(t)$，$\beta(t)$ 为结构某一龄期的回归参数；IM 为地震动强度指标，鉴于多龄期结构的第一阵型周期随龄期的变化规律不确定，本专著选用 PGA 作为地震动强度指标。对上式两边取对数得：

$$\ln\hat{D}(t) = a(t) + b(t)\ln(PGA) \tag{4-36}$$

式中，$a(t)$,$b(t)$ 均为常数，$a(t) = \ln\alpha(t)$,$b(t) = \beta(t)$，可通过结构的增量动力分析数据结果统计回归得到结构的地震易损性是指结构在不同水平的地震作用下，发生不同程度破坏的可能性或者说是结构达到某个极限状态（性能水平）的概率，如下公式所示：

$$F_{ragility}(t) = P[D(t) \geqslant C(t) \mid IM] \tag{4-37}$$

假定 t 时刻结构的地震需求 $D(t)$ 与地震能力 $C(t)$ 均服从对数正态分布[55]，结构特定阶段的失效概率 P_f 表示为

$$P_f(t) = P[D(t) \geqslant C(t) \mid IM] = \Phi\left[\frac{\ln\hat{D}(t) - \ln\hat{C}(t)}{\sqrt{\beta_c{}^2(t) + \beta_d{}^2(t)}}\right] \tag{4-38}$$

式中，$\hat{D}(t)$ 为 t 时刻结构地震需求的中位值；$\hat{C}(t)$ 为 t 时刻结构抗震能力的中位值；$\beta_d(t)$，$\beta_c(t)$ 分别为 t 时刻结构地震需求和抗震能力的对数标准差。

将式（4—35）代入式（4—38）可以改写为如下形式：

$$P_f(t) = P[D(t) \geqslant C(t) \mid IM] = \Phi\left[\frac{\ln(IM) - \dfrac{\ln\hat{C}(t) - \ln a}{b}}{\dfrac{\sqrt{\beta_c(t)^2 + \beta_d(t)^2}}{b}}\right] \tag{4-39}$$

根据式（4—39）绘制易损性曲线，如图 4.15 所示。

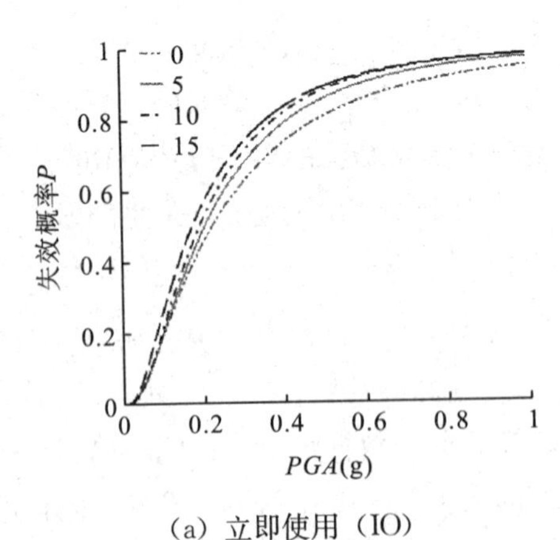

(a) 立即使用（IO）

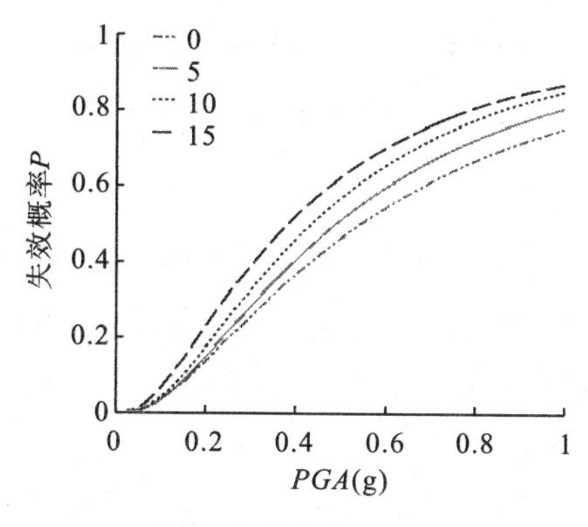

(b) 生命安全（LS）

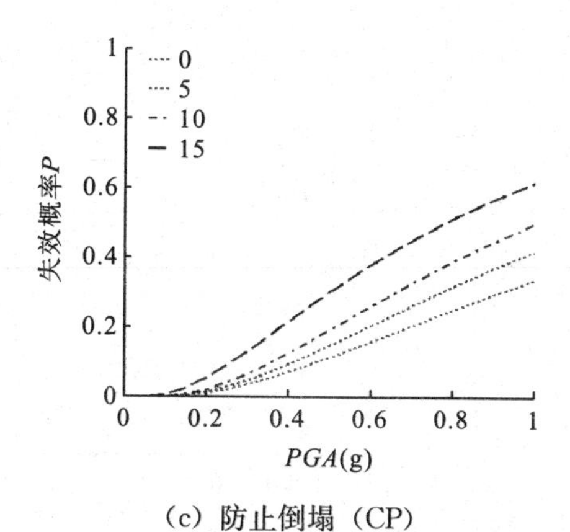

(c) 防止倒塌（CP）

图 4.15　三层 RC 框架各极限状态的时变易损性曲线

(2) 易损性曲面。

为将离散的时间点变成连续的时间区间，根据 Enright 和 Frangopol（1999）[56]提出的桥梁抗力随时间退化符合二次多项式关系，此处也认为 RC 框架抗力随时间的退化关系符合二次多项式拟合关系，即：

$$P_{arameter}(t) = at^2 + bt + c \tag{4-40}$$

$m(t)$ 和 $\zeta(t)$ 按照以上二项式进行拟合，拟合曲线如图 4.16

和图 4.17 所示。参数 a、b 和 c 的取值见表 4.3。

$$P[DS \mid PGA] = \Phi\left[\frac{\ln(PGA) - \ln(a_{\_m}t^2 + b_{\_m}t + c_{\_m})}{a_{\_\zeta}t^2 + b_{\_\zeta}t + c_{\_\zeta}}\right] \tag{4-41}$$

根据式（4−41）和表 4.3，以 PGA、超越概率 P 及时间 t 建立三维坐标系，得到 0～15 年三层 RC 结构 IO、LS 及 CP 状态下的空间易损性曲面，如图 4.18 所示。

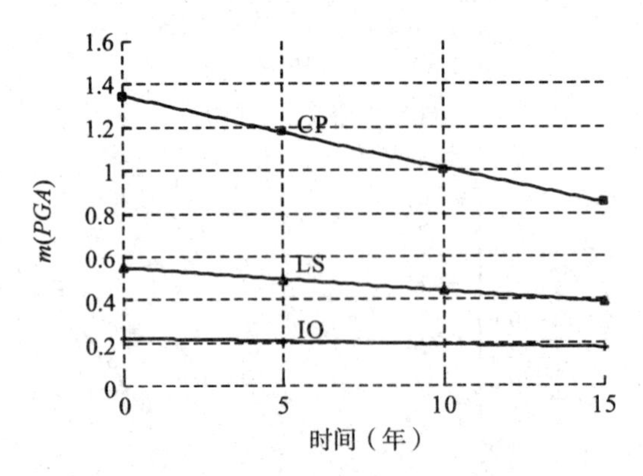

图 4.16 $m(t)$ 二项式拟合曲线

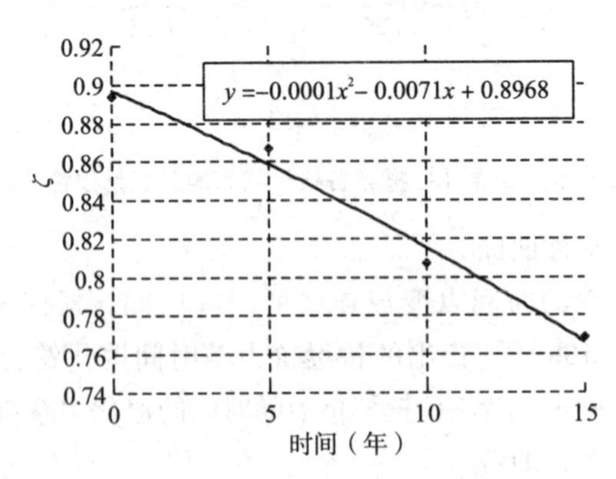

图 4.17 $\zeta(t)$ 二项式拟合曲线

表 4.3 中位数和方差的二次拟合值

<table>
<tr><td rowspan="3">性能水平</td><td colspan="6">二次项拟合参数</td></tr>
<tr><td colspan="3">中位数（$m(t)$）</td><td colspan="3">方差（$\zeta(t)$）</td></tr>
<tr><td>$a_{\_m}$</td><td>$b_{\_m}$</td><td>$c_{\_m}$</td><td>$a_{\_\zeta}$</td><td>$b_{\_\zeta}$</td><td>$c_{\_\zeta}$</td></tr>
<tr><td>IO</td><td>2×10^6</td><td>−0.0032</td><td>0.224</td><td rowspan="3">-1×10^4</td><td rowspan="3">−0.0071</td><td rowspan="3">0.897</td></tr>
<tr><td>LS</td><td>2×10^5</td><td>−0.0111</td><td>0.549</td></tr>
<tr><td>CP</td><td>1×10^4</td><td>−0.0348</td><td>1.347</td></tr>
</table>

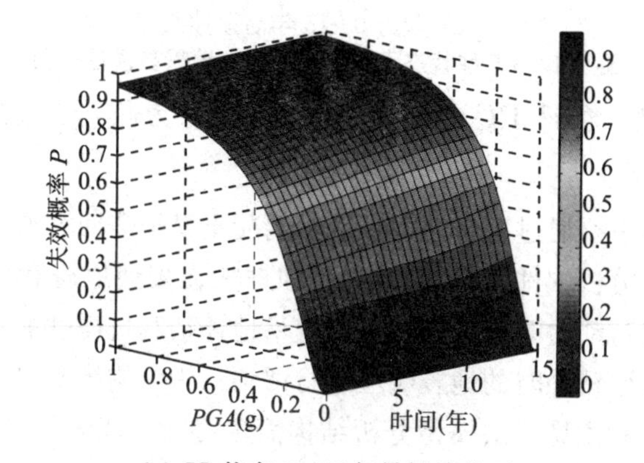

(a) IO 状态 0～15 年易损性曲面

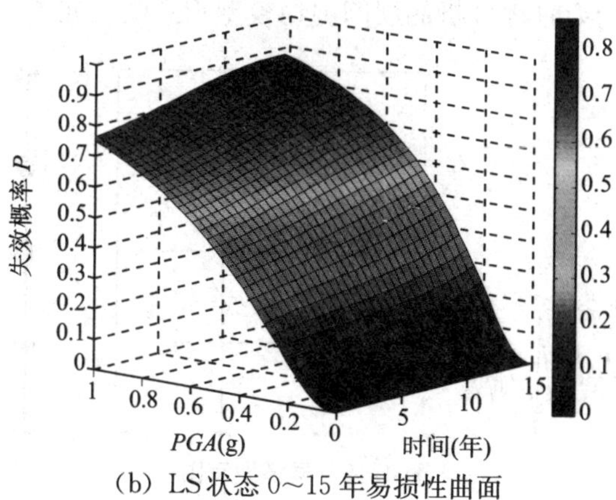

(b) LS 状态 0～15 年易损性曲面

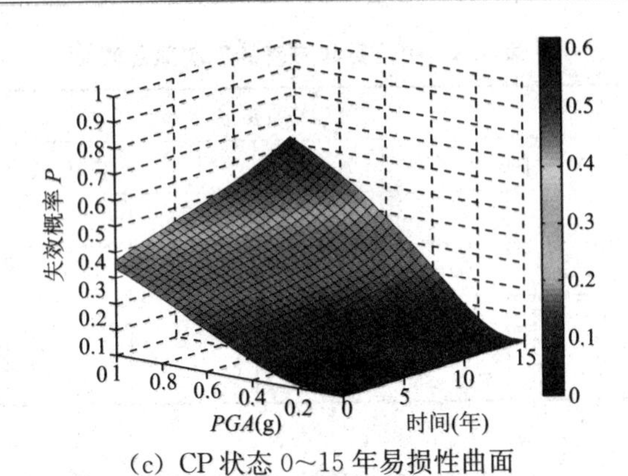

(c) CP 状态 0～15 年易损性曲面

图 4.18　三种状态下 RC 框架时变地震易损性曲面

4.1.2.2　在役 RC 结构基于截面恢复力模型的宏观尺度数值模型

本节主要通过上文建立的锈蚀混凝土框架滞回模型，利用平面非线性分析软件 IDARC，对锈蚀框架在多遇地震和罕遇地震作用下进行动力时程分析，从而定量地评估其抗震性能，以对现役结构发生锈蚀时的地震响应进行评估，为结构维护与加固提供参考依据和意见。层模型分析结构简单可行，能满足基本要求，基于 RC 框架柱恢复力模型得出结构层间恢复力模型，锈蚀 RC 框架结构动力时程分析的层间剪切模型示意图，如图 4.19 所示。

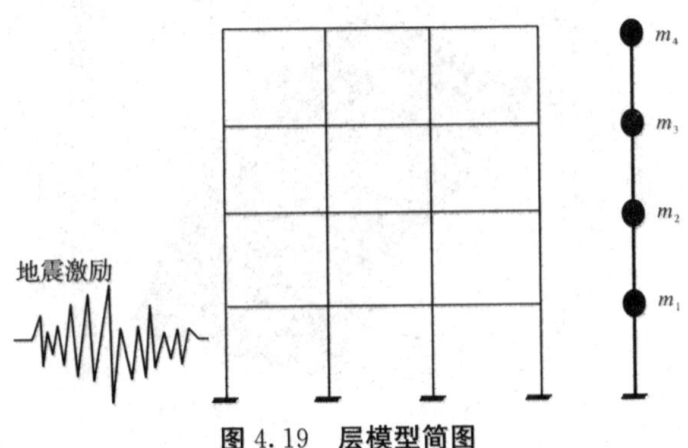

图 4.19　层模型简图

1）计算模型的建立

根据现行国家规范，利用 PKPM 设计一栋 7 层混凝土框架结构，抗震设防烈度为 8 度，场地类别为Ⅱ类，设计地震分组为第一组。梁柱、楼板分别使用 C30 和 C25 的混凝土，梁柱主筋为 HRB400 级，尺寸及配筋见图 4.20，每层节点荷载分别为20 kN、40 kN、40 kN 和 20 kN；对框架进行分析时，只考虑钢筋锈蚀引起的结构性能劣化，不考虑混凝土强度降低等其他因素。

200×400　200×400　200×400
400×400　400×400　400×400　400×400　3000
200×400　200×400　200×400
400×400　400×400　400×400　400×400　3000
200×400　200×400　200×400
400×400　400×400　400×400　400×400　3000
200×400　200×400　200×400
400×400　400×400　400×400　400×400　3000
200×400　200×400　200×400
400×400　400×400　400×400　400×400　3000
200×400　200×400　200×400
400×400　400×400　400×400　400×400　3000
200×400　200×400　200×400
400×400　400×400　400×400　400×400　3000
4200　4200　4200

(a) 平面框架几何尺寸（mm）

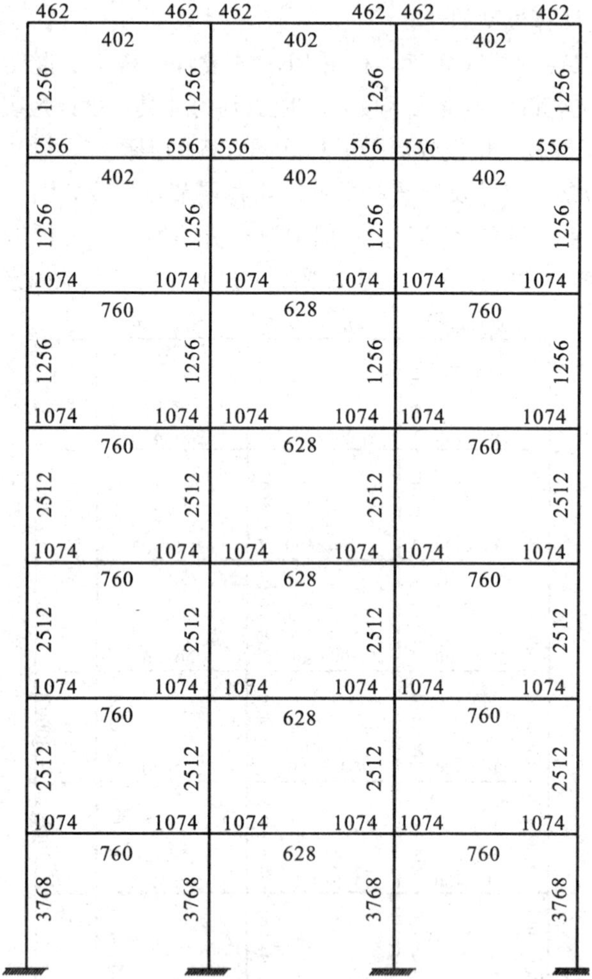

（b）平面框架梁柱配筋图（mm^2）

图 4.20　RC 框架基本设计参数简图

2）多遇地震作用下锈蚀 RC 框架地震反应分析

对结构进行多遇地震下的弹性变形验算，主要是为了防止弹性变形过大导致主体结构损坏或非结构构件破坏过重，从而影响结构的正常使用功能。将上文选取的地震波 El Centro 波和 Taft 波的峰值加速度按比例调为 0.07 g（70 gal）输入结构中，以分析不同锈蚀程度的框架结构弹性变形。动力时程分析只考虑水平地震作用，不考虑竖向地震作用。弹性时程分析中提取 RC 框架的最大弹性位移计位移角，详见表 4.4。经多项式回归给出了锈蚀框架结构最大弹性位移与锈蚀率的拟合曲线，如图 4.21 所示。

表 4.4　锈蚀 RC 框架结构变形计算值

地震波	持续时间(s)	锈蚀率(%)	峰值加速度(g)	最大弹性层间位移(mm)	最大弹性层间位移角 θ_e
Taft 波	30	0	0.07	3.61	1/831
	30	5	0.07	3.64	1/824
	30	10.0	0.07	4.14	1/725
	30	15.0	0.07	6.08	1/494
	30	20.0	0.07	6.10	1/492
	30	25.0	0.07	6.28	1/478
El Centro 波	30	0	0.07	3.82	1/785
	30	5.0	0.07	3.96	1/758
	30	10.0	0.07	4.22	1/711
	30	15.0	0.07	5.48	1/547
	30	20.0	0.07	6.33	1/474
	30	25.0	0.07	6.56	1/457

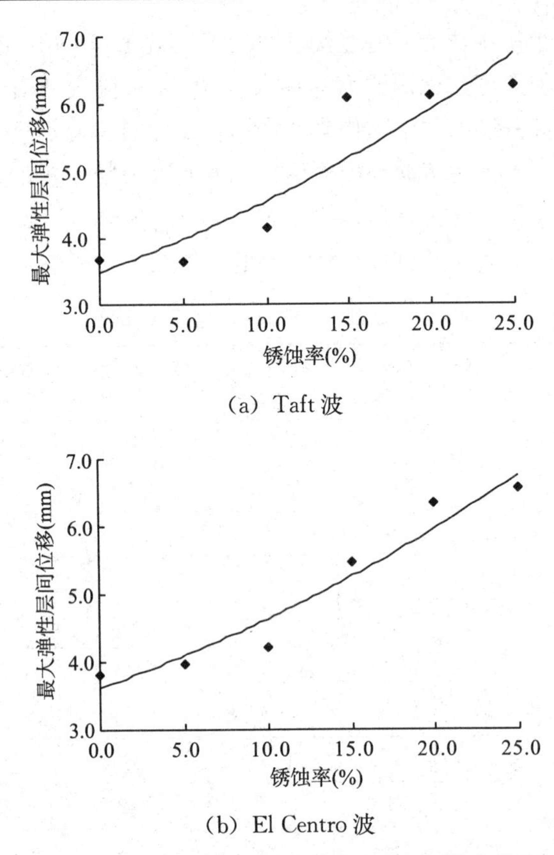

(a) Taft 波

(b) El Centro 波

图 4.21　锈蚀框架结构最大弹性位移与锈蚀率的关系

3）罕遇地震作用下锈蚀 RC 框架结构地震响应分析

结构在遭受罕遇地震作用时，将进入弹塑性阶段，主体结构不可避免地被破坏，严重威胁结构安全性。目前，结构弹塑性分析已经成为抗震性能设计的重要组成部分。对不同锈蚀率 RC 框架结构进行弹塑性时程分析，给出了不同锈蚀程度下 RC 框架的楼层位移及层间位移，如图 4.22 和图 4.23 所示。

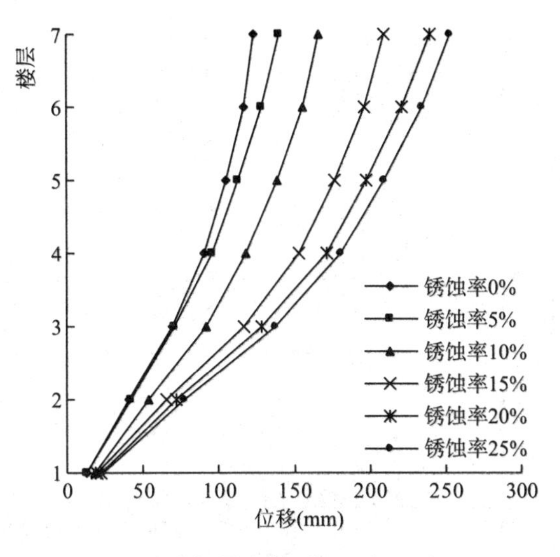

(a) Taft 波 (0.4 g)

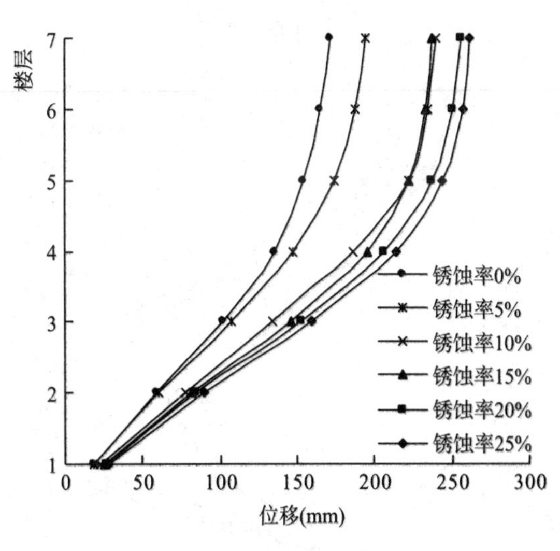

(b) El Centro 波 (0.4 g)

图 4.22 罕遇地震作用下不同锈蚀率的楼层位移

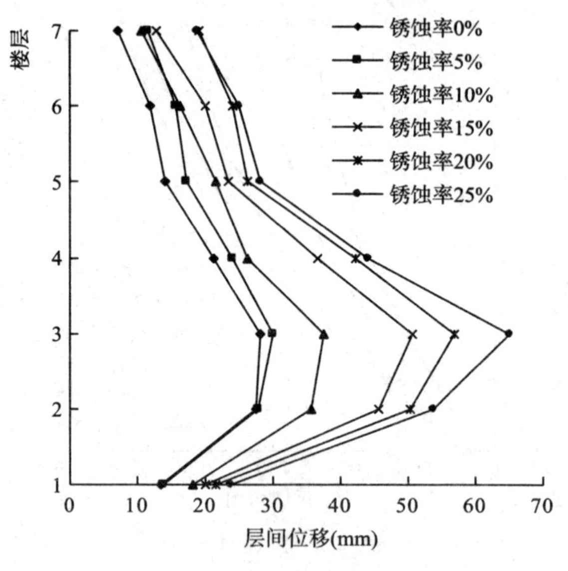

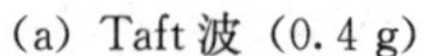
(a) Taft 波（0.4 g）

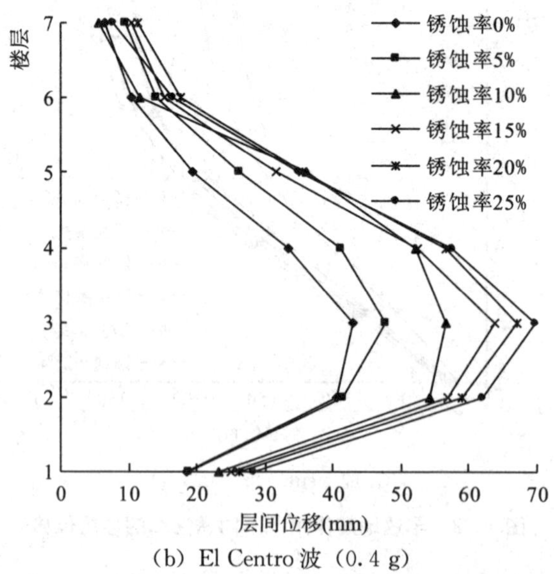

(b) El Centro 波（0.4 g）

图 4.23　罕遇地震作用下不同锈蚀率各层层间位移

4.2 钢结构多龄期地震易损性研究思路与预期成果

4.2.1 钢结构多龄期地震易损性研究思路

(1) 通过调研建立单体钢结构多龄期经验易损性矩阵或曲线。

(2) 通过钢结构整体结构试验建立单体钢结构多龄期试验易损性矩阵或曲线。

(3) 通过钢结构材性、构件与整体结构试验验证钢结构有限元模型，进而建立单体钢结构多龄期解析易损性矩阵或曲线。

(4) 对比建立钢结构多龄期经验、试验与解析易损性矩阵或曲线，修正已有单体钢结构多龄期地震易损性模型。

(5) 合理简化单体钢结构易损性模型，建立城市区域或局部群体钢结构多龄期地震易损性模型，给出群体钢结构多龄期地震易损性矩阵或曲线。

4.2.2 钢结构多龄期地震易损性预期成果

钢材的锈蚀可能导致结构过早失效，有必要对不同龄期的结构进行抗震性能评估。结构需求参数 D 与地震动参数 IM 之间的关系满足指数关系：

$$D = \alpha (IM)^{\beta} \tag{4-42}$$

结构的易损性分析主要用于评估结构的抗震性能，计算不同强度地震作用下结构反应超过极限状态所定义的结构能力参数的条件概率。假定结构的地震需求 D 与地震能力 C 均服从对数正态分布，结构特定阶段的失效概率 P_f 可表示为

$$P_f = \Phi\left[\frac{\ln\hat{D} - \ln\hat{C}}{\sqrt{\beta_c{}^2 + \beta_d{}^2}}\right] \tag{4-43}$$

式中，$\hat{D}$，β_d 分别为结构需求参数的均值和对数标准差；$\hat{C}$，β_c 分别为结构能力参数的均值和对数标准差。本专著为对比不同龄期结构易损性曲线，为避免因钢材锈蚀导致结构自振周期变化的影响，地震动参数采用 PGA，β_d 与 β_c 根据结构易损性曲线参数高标准耐震设计规范 HAZUS99 取值，当易损性曲线以 PGA 为自变量时，$\sqrt{\beta_c{}^2+\beta_d{}^2}$ 取 0.5。

引入时间参数考虑多龄期对结构地震需求参数的影响，将式（4—42）改写为

$$D = \alpha(t)(PGA)^{\beta(t)} \tag{4-44}$$

将式（4—44）带入式（4—43），考虑多龄期结构特定阶段的失效概率可表示为

$$P_f = \Phi\left[\frac{\beta(t)\ln(PGA) + \ln\alpha(t) - \ln\hat{C}}{\sqrt{\beta_c{}^2 + \beta_d{}^2}}\right] \tag{4-45}$$

上式可改写为

$$P_f = \Phi\left[\frac{\ln(PGA) - \ln m(t)}{n(t)}\right] \tag{4-46}$$

式中，$m(t)$ 为地震动参数 PGA 在结构不同破坏状态所对应的平均值；$n(t)$ 为地震动参数 PGA 在结构不同破坏状态所对应的对数标准差。

（1）通过考虑钢材锈蚀的抗震试验结果建立钢结构多龄期有限元模型，以 9 层框架为例，如图 4.24 所示。

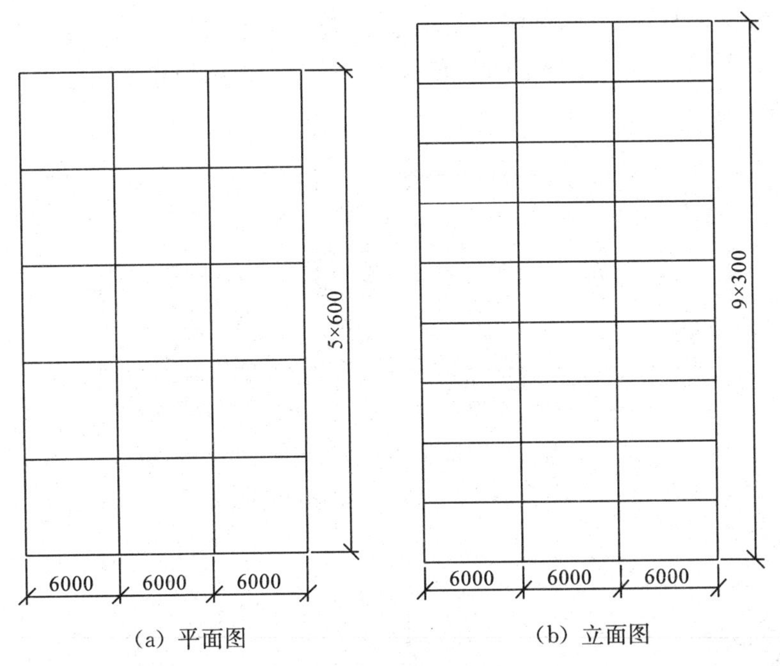

(a) 平面图　　(b) 立面图

图 4.24　9 层钢框架模型

(2) 损伤状态定义。

将结构损伤程度划分为轻度损伤、中度损伤、重度损伤以及倒塌 4 个等级，定义结构不同损伤状态的损伤指数范围及易损性分析时所采用的损伤指数极限状态值，见表 4.5。

表 4.5　结构破坏程度与损伤指数范围

损伤程度	轻度	中度	重度	倒塌
损伤指数	0~0.1	0.1~0.2	0.2~0.5	0.5~0.1
极限状态值	0.1	0.2	0.5	1

(3) 计算结果。

将 5 个不同龄期结构地震需求分别代入结构特定阶段的失效

概率函数，得到结构在 5 个不同龄期（0 年、25 年、50 年、75 年和 100 年）、4 种不同状态水平下的结构地震易损性曲线，如图 4.25 所示。

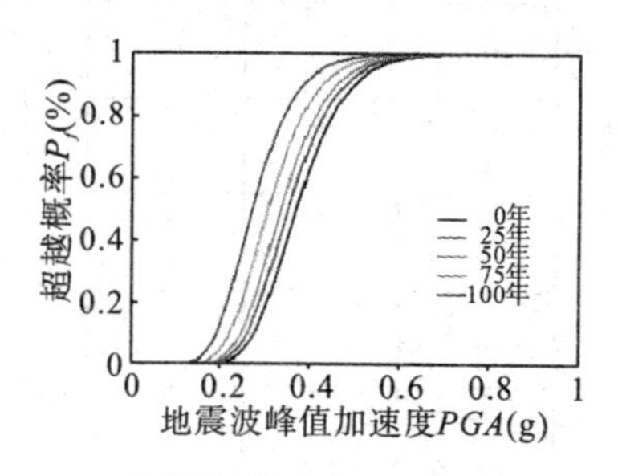

（a）钢框架轻度损伤地震易损性曲线

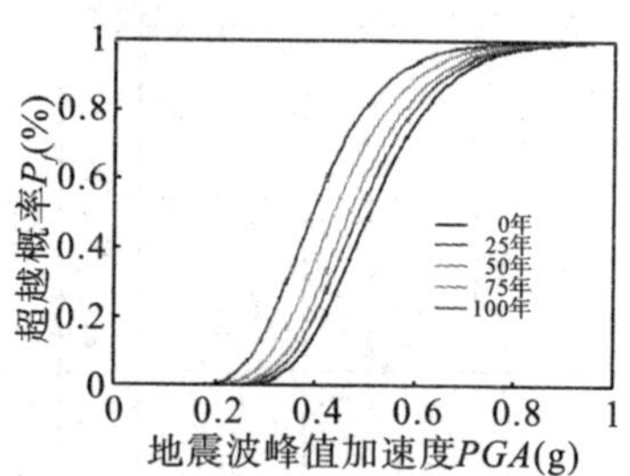

（b）钢框架中度损伤状态地震易损性曲线

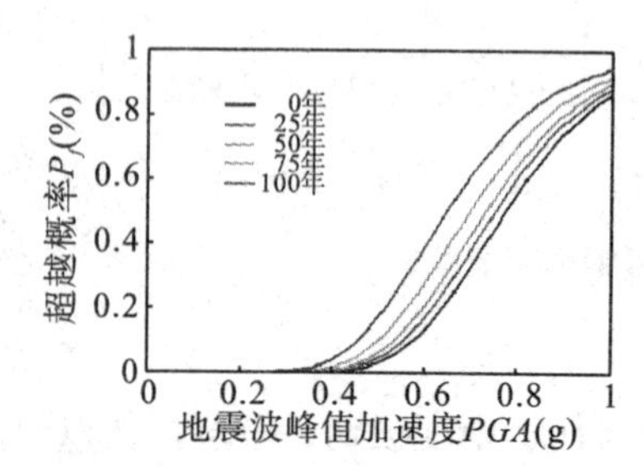

（c）钢框架重度损伤状态地震易损性曲线

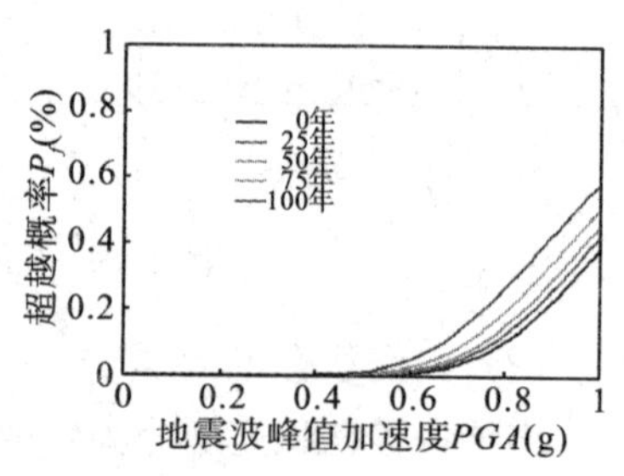

（d）钢框架倒塌状态地震易损性曲线

图 4.25　考虑多龄期的钢框架易损性曲线

为了更直观地反映结构全寿命周期内龄期对结构失效概率的影响，令

$$m(t) = m_1 t^2 + m_2 t + m_3 \tag{4-47}$$

对 5 个不同龄期、4 种不同破坏水平所对应的结构失效概率为 50%的 PGA 平均值数据进行多项式拟合，得到结构在 4 种不同破坏水平下随着龄期的连续失效概率曲面，如图 4.26 所示。

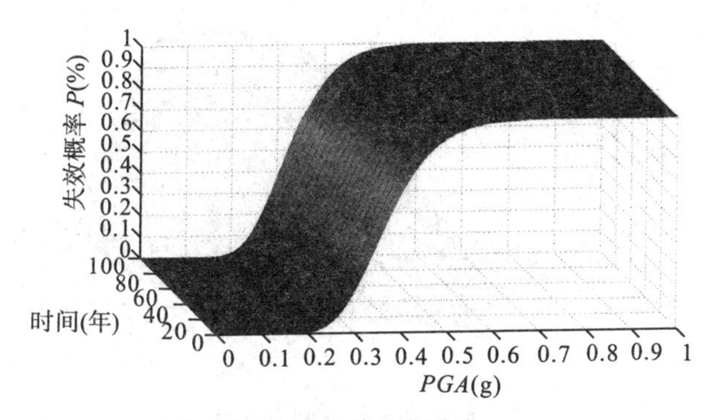

(a) 轻度损伤状态地震易损性曲面

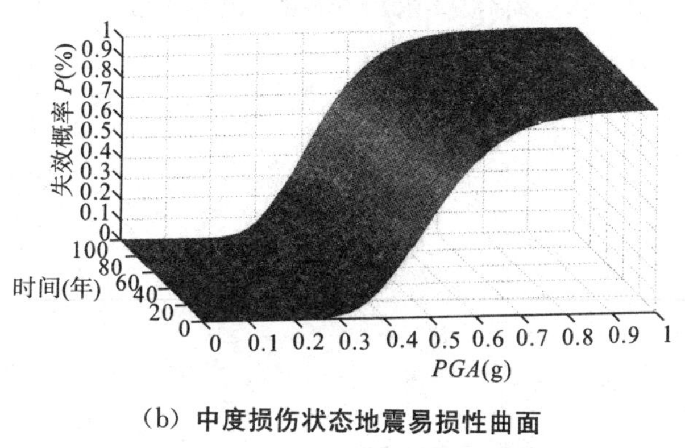

(b) 中度损伤状态地震易损性曲面

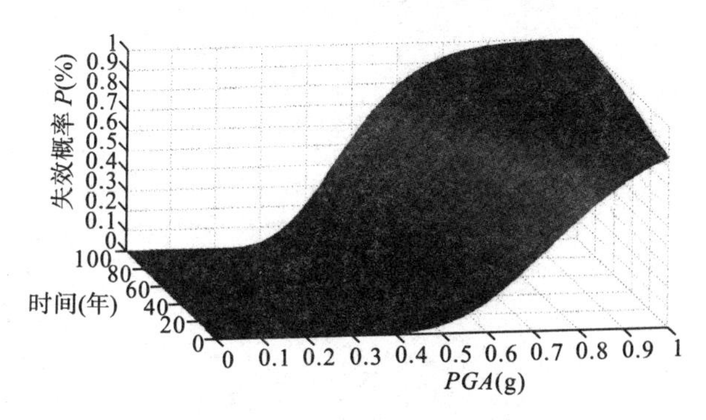

(c) 重度损伤状态地震易损性曲面

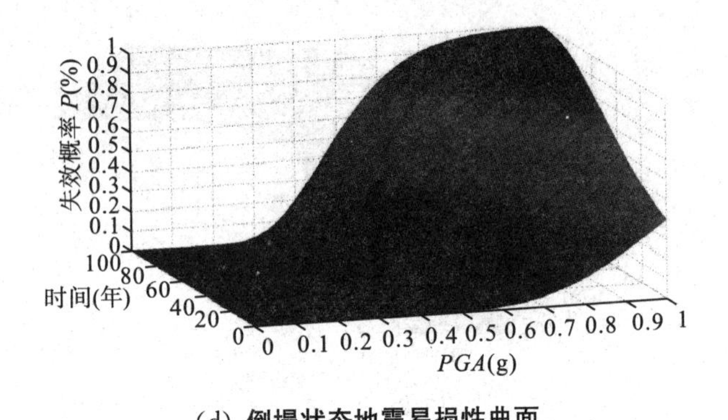

（d）倒塌状态地震易损性曲面

图 4.26　不同损伤指数下考虑龄期的结构易损性曲面

5 实际工程结构的材料性能实测与分析

5.1 结构所处环境的调查内容

(1) 构件所处环境的月平均温度、年平均温度、月平均湿度、年平均湿度等。

(2) 侵蚀性气体(二氧化硫、酸雾、二氧化碳)、液体(各种酸、碱、盐)和固体(硫酸盐、氯盐、盐酸盐)的影响范围及程度,必要时应测有害成分含量。

(3) 冻融循环情况。

5.2 结构所处环境的分类

(1) 一般大气环境:由混凝土碳化引起钢筋锈蚀的大气环境。

(2) 海洋氯化物环境:海水作用引起钢筋锈蚀的环境。

(3) 冻融环境:由冻融循环作用引起混凝土损伤的环境。

5.3 检测内容及方法

表 5.1 为检测内容及方法。

表 5.1 检测内容及方法

检测内容	检测方法
外观质量与缺陷	采用外观普查，并结合刻度放大镜、裂缝宽度测试仪、卷尺等仪器重点定量抽测
保护层厚度及钢筋直径	采用混凝土保护层厚度、钢筋位置、直径检测仪。根据结构类型，每种构件选择 20%构件，每个构件选取 4 个测区，每个测区选取 4 个测点，用混凝土保护层厚度测定仪测定其保护层厚度和钢筋分布情况；同时，对部分测点用冲击钻除去表面混凝土，量测混凝土保护层厚度以作校核
抗压强度	回弹法并钻芯修正的方法。回弹法：根据结构类型，每种构件选取 30%进行混凝土强度检测，每个构件选 10 个测区。回弹测试时，每个测区用回弹仪弹击 16 次进行强度测定。钻芯法：在回弹法选取的构件中，每种构件抽取 6 个构件，在构件受力较小、混凝土强度质量具有代表性的位置钻取直径和高度均为 100 mm 的圆柱体芯样进行抗压试验，每个构件取 1 个芯样
碳化深度	酚酞溶液法测试。根据结构类型，每种构件选取 15%进行混凝土碳化深度检测，每个构件选取 4 个测区，每个测区布置 3 个测孔，呈“品”字排列，用冲击钻在被测试构件表面打孔，孔深控制在 40 mm 左右，用气筒清除钻孔中粉末，用干净布擦净，在孔内喷洒 1%酒精酚酞溶液，等变色后用游标卡尺测量碳化深度（每孔在相对边测 2 个数据，精确至 0.1 mm）

续表5.1

检测内容	检测方法
钢筋锈蚀	半电池电位法，并结合现场开槽核实。根据构件的环境差异及前期外观检查结果，首先清除混凝土表面的垃圾和其他杂物，然后用自来水将混凝土表面润湿，但不能使混凝土中的水达到饱和状态，当混凝土表面局部有缺陷、绝缘层、涂料、岩屑、裂缝、堆积物和保护层剥落等情况时，检测应该避开这些位置，用钢筋锈蚀仪进行检测，钢筋锈蚀状况判断参照《建筑结构检测技术标准》（GB/T 50344—2004）附录 D。根据半电池电位法检测结果，选择钢筋锈蚀比较严重的部位，先进行锈胀裂缝宽度检测，然后进行破型检查，凿去表层混凝土直至露出已锈蚀钢筋，清除钢筋表面锈蚀产物，用游标卡尺测量钢筋在两个正交方向锈蚀后的有效直径，然后取平均值作为测量值，进而对照设计值计算钢筋截面积损失率
氯离子	硝酸银滴定法。在结构受氯离子影响的部位，选取 10%构件且不少于 6 个进行氯离子含量检测，分别选取有代表性的点，钻取直径为 100 mm，长度为 100 mm 的混凝土芯样，用切割机将芯样从暴露面依次切割成 10 mm 厚的薄片，将薄片磨碎，去除石子和大颗粒砂，参照《建筑结构检测技术标准》（GB/T 50344—2004）附录 C 测试薄片氯离子含量。上述薄片测得的结果分别对应芯样暴露面向内 5 mm、15 mm、25 mm、35 mm、45 mm、55 mm、65 mm、75 mm、85 mm 和 95 mm 处氯离子含量

5.4　检测结果与分析

对西安、攀枝花、太原 3 个处于一般大气环境地区的不同龄期（10 年、20 年、30 年、40 年和 50 年）的钢筋混凝土结构构件进行了碳化、混凝土强度和钢筋锈蚀检测。

5.4.1　建筑概况

所测建筑概况，见表 5.2。

表 5.2　建筑概况

建筑名称	结构体系	龄期（年）	实测面积（m^2）
西安第 85 中学体育馆	现浇 RC 框架结构	10	2860
攀枝花新钢钒股份有限公司炼钢厂 11 号泵房	现浇 RC 框架结构	8	649
西安西京子校教学楼	现浇 RC 框架结构	10	1640
太钢集团烧结厂二烧二、三冷矿筛分厂房	现浇 RC 框架结构	17	1000
西安钟机子校教学楼	现浇 RC 框架结构	20	3085
攀枝花新钢钒股份有限公司轨梁厂轨梁车间	RC 排架结构	29	8640
攀枝花新钢钒股份有限公司炼铁厂第三烧结室厂房	现浇 RC 框架结构	41	3888
攀枝花新钢钒股份有限公司炼铁厂第二烧结室厂房	RC 框排架结构	41	1836
攀枝花新钢钒股份有限公司炼铁厂原料仓库厂房	RC 排架结构	42	1782
攀钢废钢厂生铁块仓库露天栈桥	RC 排架结构	43	3483
攀钢能动中心炼铁车间鼓风机站灰渣处理栈桥	RC 排架结构	43	2460
攀钢煤化工厂蒸馏泵房结构	现浇 RC 框架结构	44	360
山西太钢不锈钢股份有限公司第一炼钢厂整模厂房	RC 排架结构	54	4284

5.4.2　混凝土抗压强度

根据实测结果，t 年后混凝土强度推定值可表示为

$$f_{cu}(t) = \xi(t) f_{cu,k} \tag{5-1}$$

式中，$f_{cu}(t)$ 为混凝土强度推定值；$f_{cu,k}$ 为混凝土 28 d 立方体抗压强度；$\xi(t)$ 为随时间变化的函数。

图 5.1 为混凝土强度平均值随龄期变化函数 $\xi(t)$ 散点图。

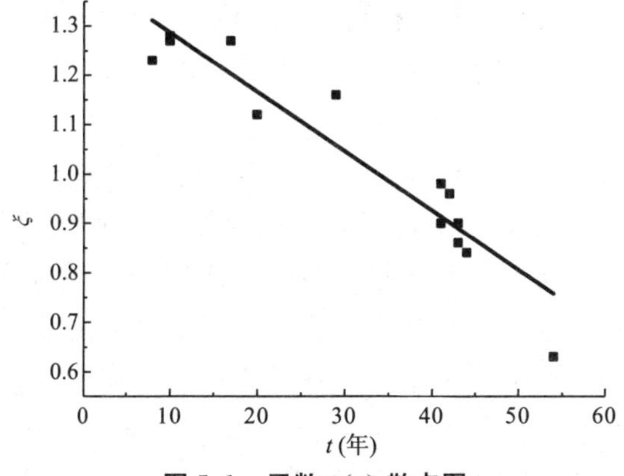

图 5.1 函数 $\xi(t)$ 散点图

根据散点图的趋势，利用最小二乘法，用曲线 $\xi(t)=a+b\times t$ 进行线性回归，得 $a=1.4077$，$b=-0.0121$，则：

$$\xi(t)=1.4077-0.0121\times t \tag{5-2}$$

根据实测结果，t 年后混凝土强度标准差可表示为

$$\sigma_f(t)=\eta(t)\sigma_{f0} \tag{5-3}$$

式中，σ_{f0} 为混凝土 28 d 抗压强度标准差；$\eta(t)$ 为随时间变化的函数。

图 5.2 为混凝土强度标准差随龄期变化函数 $\eta(t)$ 散点图。

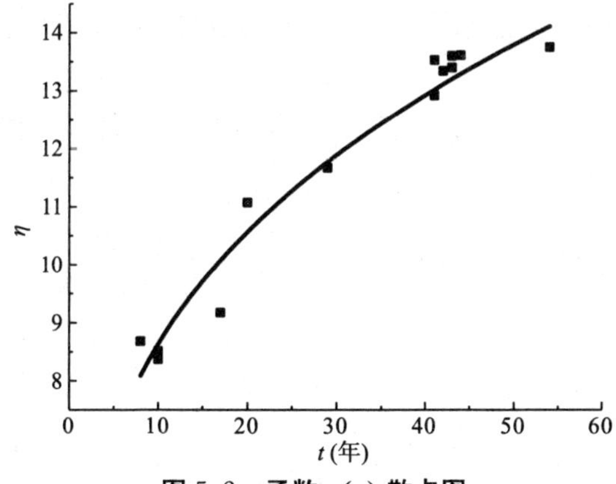

图 5.2 函数 $\eta(t)$ 散点图

根据散点图的趋势，利用最小二乘法，用曲线 $\eta(t) = a \times t^b$ 进行非线性回归，得 a=4.4111，b=0.2914，则：

$$\eta(t) = 4.4111 \times t^{0.2914} \tag{5-4}$$

分析结果表明，龄期不超过30年的混凝土构件强度略高于28 d强度，但其强度标准差远大于28 d的标准差，因此可以推断出，随着混凝土构件龄期的增加，大气中的CO_2侵入混凝土构件中并和$Ca(OH)_2$发生化学反应生成$CaCO_3$，由于$CaCO_3$的强度高于$Ca(OH)_2$，故混凝土构件的强度反而略微增加。但是由于强度标准差随着构件龄期的增加速率大于平均值的增加速率，故混凝土构件的强度推定值是随着龄期减小的。

5.4.3 混凝土碳化深度

碳化的影响因素除时间外，还包括环境因素和混凝土材料本身。结构所处的环境不同，空气的湿度和CO_2含量不同，因此混凝土碳化程度不同。本次实测主要研究混凝土碳化深度随时间的变化，建立合理准确的混凝土碳化模型。

目前公认的碳化模型为

$$X = k_c \sqrt{t} \tag{5-5}$$

式中，X为碳化深度；k_c为碳化速度系数；t为结构服役年限。

图5.3、图5.4分别为不同龄期混凝土构件碳化深度平均值和标准差散点图。

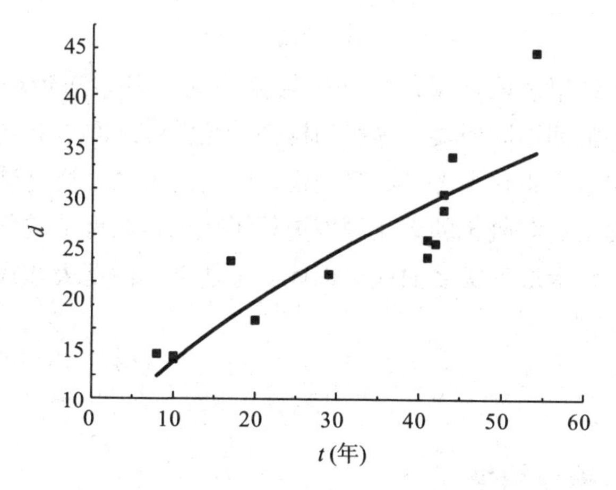

图 5.3　碳化深度平均值散点图

根据散点图的趋势，利用最小二乘法，用曲线 $d(t)=a\times t^{b}$ 进行非线性回归，得 $a=2.6124$，$b=0.6434$，则：

$$d(t)=2.6124\times t^{0.6434} \tag{5-6}$$

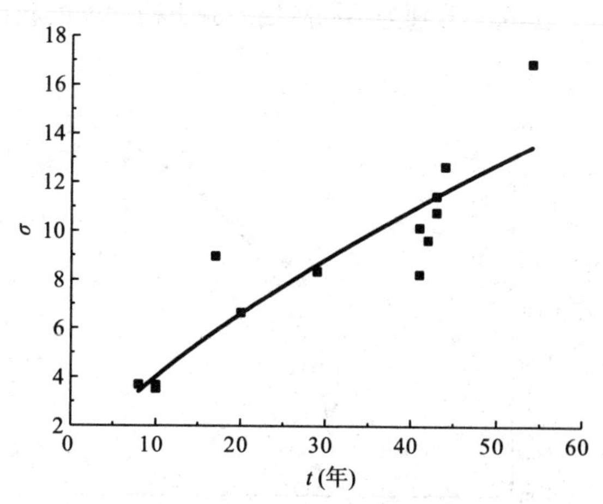

图 5.4　碳化深度标准差散点图

根据散点图的趋势，利用最小二乘法，用曲线 $\sigma(t)=a\times t^{b}$ 进行非线性回归，得 $a=0.7645$，$b=0.7196$，则：

$$\sigma(t) = 0.7645 \times t^{0.7196} \tag{5-7}$$

分析结果表明，碳化深度平均值和标准差均随龄增长而提高。同一龄期不同混凝土等级的构件碳化深度之间也有差异，为了研究混凝土碳化深度与混凝土设计强度的关系，通过试验对不同设计强度的混凝土的碳化深度进行了研究，获得了碳化深度与混凝土强度等级的关系曲线。以此对上述碳化深度表达式进行强度修正，则：

$$d(t) = 18.022 \times \left(\frac{t}{\xi(t) \times f_{cu,k}}\right)^{0.6434} \tag{5-8}$$

5.4.4 钢筋锈蚀

一般大气环境下，钢筋混凝土结构中钢筋的锈蚀一般是由于混凝土碳化引起，CO_2侵入混凝土孔隙中破坏钢筋钝化膜，使得钢筋锈蚀。

图 5.5、图 5.6 分别为不同龄期混凝土构件纵筋和箍筋锈蚀深度散点图。

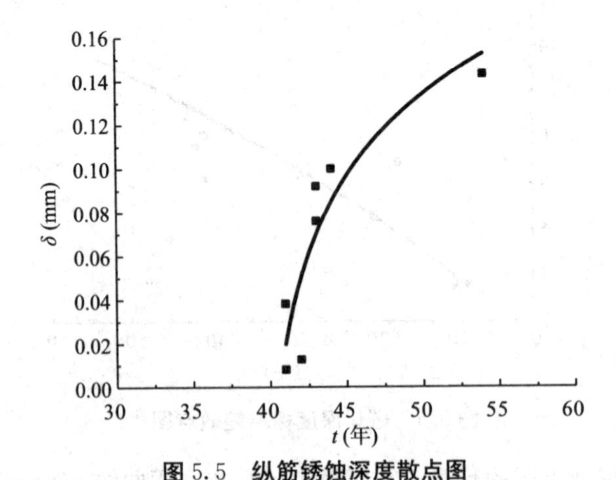

图 5.5　纵筋锈蚀深度散点图

根据散点图的趋势，利用最小二乘法，用曲线 $\delta(t) = b \times$

$\ln(t-a)$ 进行非线性回归，得 $a=39$，$b=0.0572$，则：

$$\delta(t)=0.0572\times\ln(t-39) \tag{5-9}$$

考虑到钢筋锈蚀受混凝土保护层影响较大，故修正上式，纵筋锈蚀深度随时间变化的函数可表达为

$$\delta(t)=0.0572\times\ln(t-39\alpha_c) \tag{5-10}$$

式中，α_c 为混凝土保护层厚度对纵筋锈蚀深度影响系数。

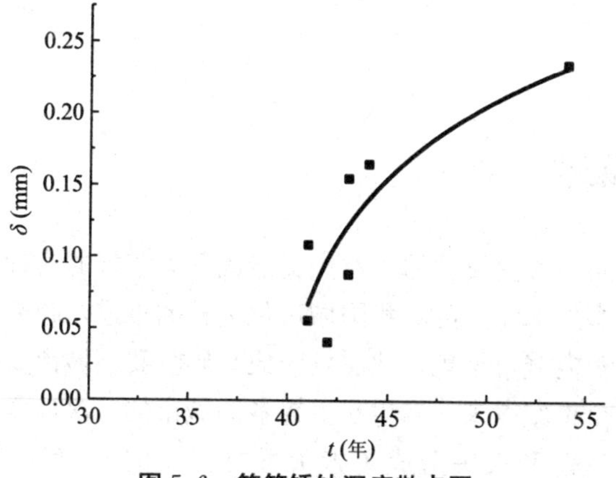

图 5.6　箍筋锈蚀深度散点图

根据散点图的趋势，利用最小二乘法，用曲线 $\delta(t)=b\times\ln(t-a)$ 进行非线性回归，得 $a=39$，$b=0.0855$，修正后的箍筋锈蚀深度随时间变化函数为

$$\delta(t)=0.0855\times\ln(t-39\alpha_c') \tag{5-11}$$

式中，α_c' 为混凝土保护层厚度对箍筋锈蚀深度影响系数。

6 城市多龄期建筑工程结构的破坏概率矩阵及经验易损性模型

6.1 概述

地震是一种突发性的、对人类造成巨大危害的灾种。我国是一个地震多发国家，随着我国城市化进程的推进，越来越多的居民和财富都向城市聚集，地震已经成为影响我国城市安全的重要灾种。半个世纪以来，发生在世界各国城市的几次地震，都对城市社会、经济和人民造成了毁灭性打击。例如 1976 年的唐山 7.8 级地震，顷刻间将整座城市化为一片废墟，死亡人数达 24 万，经济损失超百亿；1995 年日本阪神 6.9 级地震，造成近 10 万栋房屋被毁，5500 人死亡，1000 亿美元的巨额经济损失[57]；2008 年 5 月 12 日 14 时 28 分发生的汶川 8.0 级地震是新中国成立以来破坏性最强、波及范围最广的一次地震，其破坏之严重、人员伤亡之多、救灾难度之大均为历史罕见。2013 年 4 月 20 日 8 时 2 分，四川省雅安市芦山县发生 7.0 级强烈地震[58]，极震区烈度高达Ⅸ度。地震造成了灾区 21 个市、县房屋建筑、生命线工程、工矿企业不同程度的震害，很大程度上影响了灾区人民的正常生产生活。近年来越来越频繁的地震给我国造成了巨大的人口及经济损失。因此，研究适用于全国的不同烈度下房屋建筑的破坏程度分布，即易损性矩阵，可为未来我国进行震害预测、大震快速评估工作提供重要的科学依据。

由于我国幅员辽阔，不同地区房屋建筑结构、材料、房屋建筑习俗、场地条件、地震类型等都不尽相同，而这些因素对于房屋破坏程度均有一定的影响。由于震害具有明显的地域性，不同地区的易损性矩阵也存在着差异性。因此，研究适用于我国建筑结构的破坏概率矩阵具有重大意义。

本课题“城市多龄期建筑震害评估与模拟关键技术研究与示范”通过搜集我国典型城市的历史震害资料，研究我国不同类型工程结构的损伤破坏关系与地震动强度指标之间的统计规律，得出了城市建筑工程结构的破坏概率矩阵。

本专著的主要研究内容为：提出城市多龄期建筑工程结构的破坏概率矩阵，建立城市多龄期建筑工程结构的经验地震易损性模型。

6.2　结构的破坏概率矩阵（DPM）

工程结构的地震破坏概率矩阵是确定效益最大的抗震设防标准的前提，而结构的抗震设防标准是进行合理抗震设计的保障。结构的破坏概率矩阵又称为结构易损性矩阵，是指由某类结构建筑物或区域建筑物在不同地震烈度或地震加速度峰值下处于不同破坏状态的数量/建筑面积百分比所组成的矩阵，可理解为一个确定区域内因地震发生所造成损失的程度。结构受到地震作用后的损伤程度可分为基本完好、轻微破坏、中等破坏、严重破坏和毁坏 5 个档次，各等级定义见表 6.1[59]。

表 6.1　破坏等级与破坏标准

破坏等级	破坏标准
基本完好（含完好）	房屋承重构件完好，个别非承重构件破坏轻微，不加修理可继续使用
轻微破坏	房屋个别承重构件出现可见裂缝，非承重构件破坏轻微，不加修理或稍加修理即可继续使用
中等破坏	房屋多数承重构件出现轻微裂缝，部分有明显裂缝，个别非承重构件破坏严重，需要一般修理
严重破坏	房屋多数承重构件破坏严重，或有局部倒塌，需要大修，个别房屋修复困难
毁坏	房屋多数承重构件严重破坏，结构濒于崩溃或已倒塌，已无修复可能

破坏概率矩阵（Destructive Probability Matrices，DPM）的概念是国外学者 Whitman 在 1971 年研究圣菲尔南多地震中高层建筑破坏时首次提出的[60]。其首次运用是在 1985 年的 ATC-13 中[61]。经过 40 余年的发展，目前，估计结构地震破坏矩阵的方法主要有两种：经验判断法和理论分析法。

在国内，谢礼立[62]等以我国现行抗震设计规范的原则和规定为依据，结合我国不同地区的几座发电厂的主厂房和通廊的实际震害统计及震害预测统计结果，给出了不同烈度下主厂房和通廊的地震易损性矩阵，由此提出了一个估计结构地震破坏概率矩阵的经验判断法，并据此给出了按不同设计烈度要求设计的工程结构在不同地震烈度作用下的破坏概率矩阵。李树祯和李冀龙[63]提出采用概率方法来计算结构的地震易损性矩阵，其以结构的延伸率为判断指标来确定结构的震害等级，然后由概率计算给出了一种钢筋混凝土结构、砖混结构房屋和单层厂房的地震破坏概率矩阵的计算方法。尹之潜[64]以结构抗力作为判断指标，给出了一种结构地震破坏概率矩阵的计算方法。

在国外，Revadigar[65]等提出了一种基于强震记录的多参数结构震害模糊评估方法。该方法以结构的最大层间位移、结构的最小振动频率、最大振动频率变化幅值作为破坏指标，求得对应于每个破坏状态的模糊破坏概率。这种方法把模糊数学的概念引入了结构的地震破坏概率分析中，对结构的整体破坏程度进行了估计。Ajay[66]等提出了一个基于结构非线性动力反应分析来估计不同工程结构的地震破坏易损性曲线和地震破坏概率矩阵的系统性的计算方法网，以修正的Mercalli烈度作为地震动参数，进而采用Monte Carlo随机模拟方法来确定结构在不同地震动参数下发生不同程度破坏的概率。这种计算方法非常系统化、条理化，理论性强。但是进行结构的非线性动力反应分析时，需要进行大量的计算，因此有待于进一步改进。

6.3 易损性指数与破坏状态的关系

建筑物易损性指数，是表达建筑物在给定地震动作用下建筑物破坏程度的度量，以0～1的数值来表示建筑物在给定地震动作用下建筑物的破坏程度。参照震害指数的取法[67]，对应建筑物5种破坏状态的易损性指数范围分别取为：0～0.20、0.20～0.40、0.40～0.60、0.60～0.80和0.80～1.00。取每个易损性指数范围的中间值，即0.1、0.3、0.5、0.7、0.9分别代表基本完好、轻微破坏、中等破坏、严重破坏和倒塌5种破坏状态[68]。破坏状态与易损性指数的对应关系见表6.2。

表6.2 破坏状态与易损性指数的对应关系

破坏状态	基本完好	轻微破坏	中等破坏	严重破坏	毁坏
易损性指数	0.1 (0～0.20)	0.3 (0.20～0.40)	0.5 (0.40～0.60)	0.7 (0.60～0.80)	0.9 (0.80～1.00)

假设建筑物易损性指数在每个区间内均匀概率分布，可得到如下公式：

$$P(\text{破坏状态}) = P\left(x + \frac{1}{2}\Delta x\right) - P\left(x - \frac{1}{2}\Delta x\right) = f(x)\Delta x \tag{6-1}$$

式中，P 为概率值，取自易损性矩阵中某一烈度或峰值加速度作用下建筑物处于某种破坏状态的百分比；x 为易损性指数，这里取 0.1、0.3、0.5、0.7 和 0.9；Δx 为区间长度，每个区间长度均为 0.2；$f(x)$ 为概率密度函数，当 x 取 0.1、0.3、0.5、0.7、0.9 时，$f(x)$ 即分别为 5 种破坏状态的概率密度值。

用多种形式的概率密度分布函数，如正态分布函数、对数正态分布函数及指数分布函数等，由国内外易损性指数概率密度值进行大量的拟合，结果表明建筑物的破坏概率密度比较符合正态分布和对数正态分布。然后，将拟合后的正态分布和对数正态分布函数曲线作于概率密度的直方图上。

以易损性指数概率密度矩阵分别进行正态和对数正态分布函数的拟合后，根据式（6－2）～式（6－6），即可计算出建筑群在地震作用下，处于基本完好、轻微破坏、中等破坏、严重破坏和倒塌 5 种破坏状态的概率，进而得到群体建筑物的易损性矩阵。

$$P(\text{基本完好}) = P(0.20) - P(0) = \int_{0}^{0.20} f(x)\mathrm{d}x \tag{6-2}$$

$$P(\text{轻微破坏}) = P(0.40) - P(0.20) = \int_{0.20}^{0.40} f(x)\mathrm{d}x \tag{6-3}$$

$$P(\text{中等破坏}) = P(0.60) - P(0.40) = \int_{0.40}^{0.60} f(x)\mathrm{d}x \tag{6-4}$$

$$P(\text{严重破坏}) = P(0.80) - P(0.60) = \int_{0.60}^{0.80} f(x)\mathrm{d}x \tag{6-5}$$

$$P(\text{毁坏}) = P(1.00) - P(0.80) = \int_{0.80}^{1.00} f(x)\mathrm{d}x \tag{6-6}$$

式中，$f(x)$ 为拟合出的正态或对数正态函数表达式。

6.4 多龄期结构破坏概率矩阵及经验易损性模型

目前，我国由经验法所得的结构破坏概率矩阵多基于震后调研统计，调查时未考虑龄期变化对结构性能的衰退。本课题组基于我国历史上比较大的地震震害统计资料，在建立城市建筑工程结构的破坏概率矩阵时考虑龄期的影响，以砖混结构和钢筋混凝土框架结构为例，把结构龄期分为 1990 年前、1990—2001 年和 2001 年至今 3 种。根据 2008 年攀枝花里氏 6.1 级地震历史调研数据，建立砖混结构和钢筋混凝土框架结构多龄期建筑工程结构破坏概率矩阵及经验易损性模型。

四川攀枝花里氏 6.1 级地震震源位于四川省攀枝花市仁和区、四川省凉山彝族自治州会理县交界处，北纬 26.2°，东经 101.9°，震源深度为 10 km。地震的震中烈度为Ⅷ度，宏观震中位于四川省攀枝花市仁和区平地镇、凉山州会理县绿水乡与云南省楚雄州元谋县姜驿乡之间，Ⅵ度区以上面积共 9634 km²，其中四川省境内 6265 km²，云南省境内 3369 km²。这次地震造成了Ⅵ度、Ⅶ度、Ⅷ度 3 个破坏区。等震线形状呈椭圆形，长轴走向为北北东[69-70]。

Ⅷ度区：面积 628 km²，其中四川省境内 600 km²，云南省境内 28 km²，呈近南北向椭圆形状展布，长轴约 39 km，短轴约 19 km。

Ⅶ度区：面积 1682 km²，其中四川省境内 1194 km²，云南省境内 488 km²，呈南北向椭圆形状展布，长轴约 83 km，短轴约 34km。

Ⅵ度区：面积 7324 km²，其中四川省境内 4471 km²，云南省境内 2853 km²，呈近南北向不规则椭圆形状展布，长轴约 148 km，短轴约 83 km。

6.4.1 砖混结构多龄期破坏概率矩阵及经验易损性模型

本次共调查统计砖混结构Ⅵ度区 106 栋，Ⅶ度区 308 栋，Ⅷ度区 82 栋，考虑 1990 年前、1991—2001 年和 2002 年至今共 3 个龄期的影响，按照砖混结构受到地震作用的反应分为基本完好、轻微破坏、中等破坏、严重破坏和倒塌 5 个状态，得到砖混结构破坏概率矩阵见表 6.3。

表 6.3　砖混结构破坏概率矩阵

烈度 \ 破坏状态		基本完好	轻微破坏	中等破坏	严重破坏	倒塌
Ⅵ度	1990 年前	0.35	0.44	0.13	0.08	0
	1991—2001 年	0.43	0.36	0.18	0.03	0
	2002 至今	0.57	0.36	0.06	0.01	0
Ⅶ度	1990 年前	0.28	0.42	0.19	0.1	0.01
	1991—2001 年	0.3	0.39	0.2	0.11	0
	2002 至今	0.36	0.43	0.12	0.09	0
Ⅷ度	1990 年前	0	0.16	0.39	0.40	0.05
	1991—2001 年	0.03	0.21	0.36	0.37	0.03
	2002 至今	0.1	0.26	0.32	0.30	0.02

从概率论上讲，建筑物易损性矩阵中的数值可以看作建筑物在 5 种破坏状态下的概率大小，也就是建筑物易损性指数分别位

于0~0.20、0.20~0.40、0.40~0.60、0.60~0.80、0.80~1.00 5个区间的概率大小。

根据式（6-1）可以计算易损性指数的概率密度值，最终获得易损性指数概率密度矩阵见表6.4。

表6.4 砖混结构易损性指数概率密度矩阵

烈度＼破坏状态		基本完好	轻微破坏	中等破坏	严重破坏	倒塌
Ⅵ度	1990年前	1.7	2.2	0.65	0.4	0
	1991—2001年	2.15	1.8	0.9	0.15	0
	2002至今	2.85	1.8	0.3	0.05	0
Ⅶ	1990年前	1.4	2.1	0.95	0.5	0.05
	1991—2001年	1.5	1.95	1	0.55	0
	2002至今	1.8	2.15	0.6	0.45	0
Ⅷ度	1990年前	0	0.8	1.95	2	0.25
	1991—2001年	0.15	1.05	1.8	1.85	0.15
	2002至今	0.5	1.3	1.6	1.5	0.1

以易损性指数为横坐标，概率密度值为纵坐标，绘出概率密度值的直方图，并将易损性指数概率密度分别进行对数正态分布和正态分布函数拟合，得到拟合曲线函数，如图6.1~图6.3所示。

当地震烈度为Ⅵ度时：

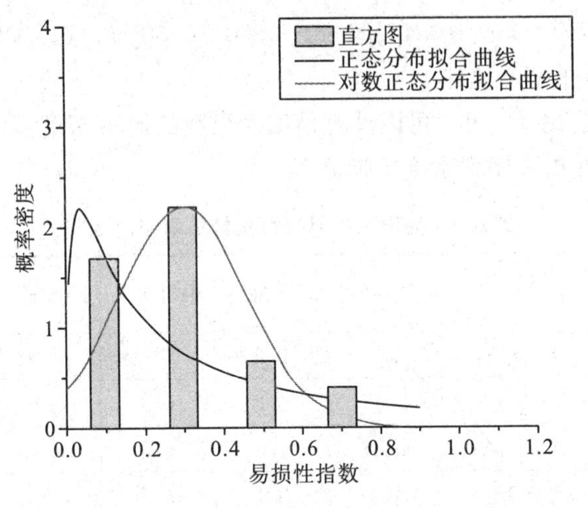

(a) 1990 年前

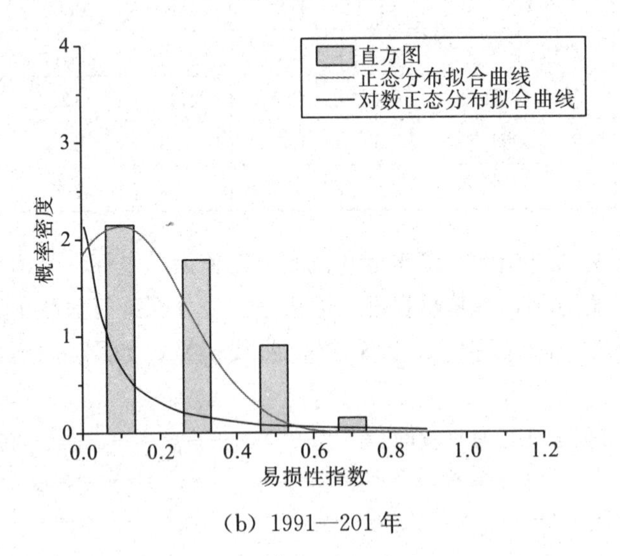

(b) 1991—201 年

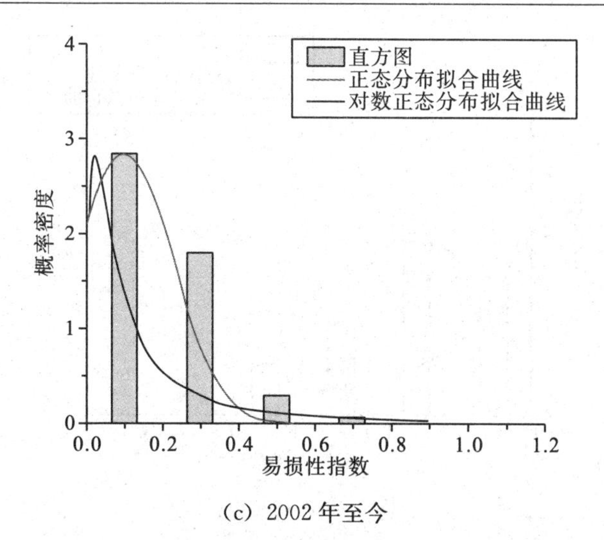

(c) 2002 年至今

图 6.1　Ⅵ度区砖混结构建筑物易损性概率密度
直方图及其正态分布、对数正态分布拟合曲线

当地震烈度为Ⅶ度时：

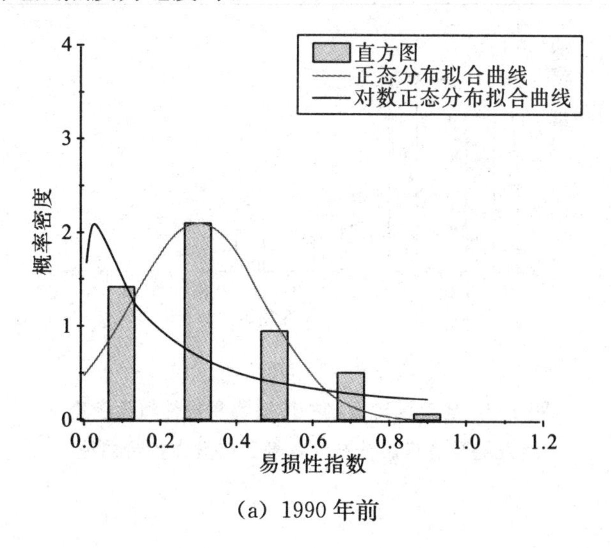

(a) 1990 年前

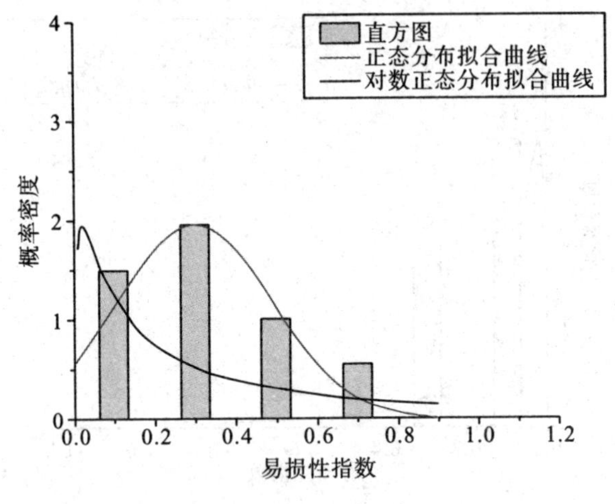

(b) 1991—2001 年

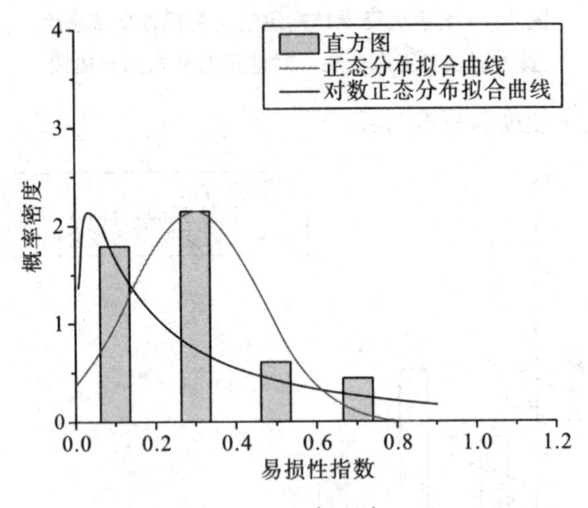

(c) 2002 年至今

图 6.2 Ⅶ度区砖混结构建筑物易损性概率密度直方图及其正态分布、对数正态分布拟合曲线

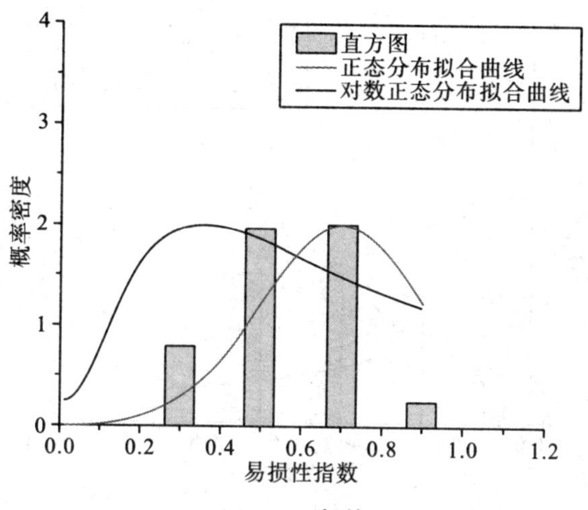

(a) 1990 年前

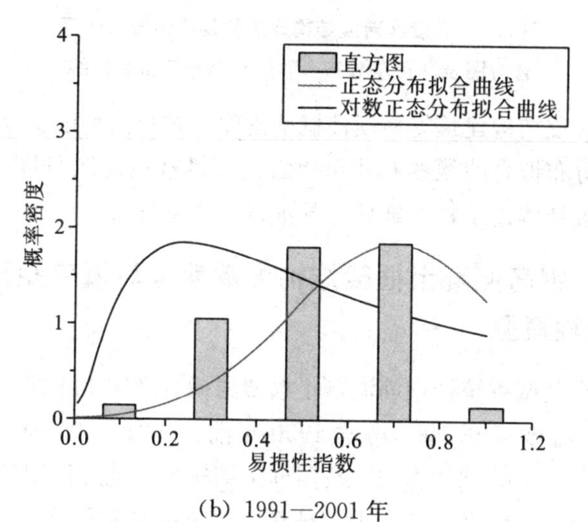

(b) 1991—2001 年

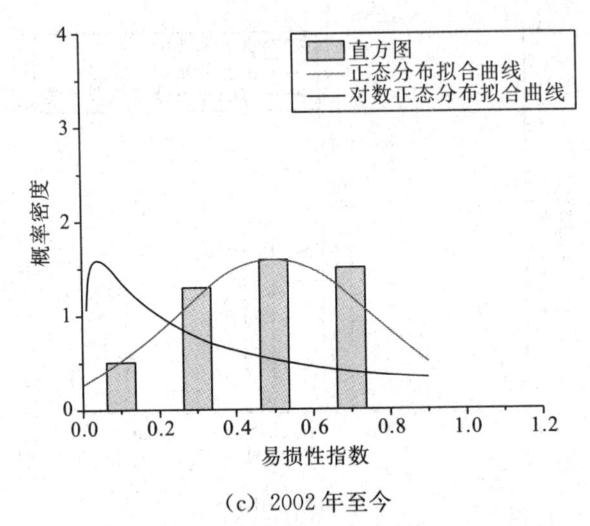

(c) 2002 年至今

图 6.3 Ⅷ度区砖混结构建筑物易损性概率密度直方图及其正态分布、对数正态分布拟合曲线

由砖混结构建筑物易损性概率密度直方图及其正态分布、对数正态分布拟合曲线的对比可以看出，攀枝花地区Ⅵ度、Ⅶ度、Ⅷ度砖混结构建筑物的破坏均基本符合正态分布。

6.4.2 钢筋混凝土框架结构多龄期破坏概率矩阵及经验易损性模型

本次共调查统计钢筋混凝土框架结构Ⅵ度区 144 栋，Ⅶ度区 403 栋，Ⅷ度区 97 栋，考虑 1990 年前、1991—2001 年和 2002 年至今共 3 个龄期的影响，按照框架结构受到地震作用的反应分为基本完好、轻微破坏、中等破坏、严重破坏和倒塌 5 个状态，得到钢筋混凝土框架结构破坏概率矩阵见表 6.5。

表 6.5 钢筋混凝土框架结构破坏概率矩阵

烈度 \ 破坏状态		基本完好	轻微破坏	中等破坏	严重破坏	倒塌
Ⅵ度	1990 年前	0.52	0.4	0.08	0	0
	1991—2001 年	0.63	0.31	0.06	0	0
	2002 至今	0.78	0.22	0	0	0
Ⅶ度	1990 年前	0.48	0.38	0.11	0.03	0
	1991—2001 年	0.55	0.36	0.09	0	0
	2002 至今	0.69	0.27	0.04	0	0
Ⅷ度	1990 年前	0.41	0.39	0.15	0.05	0
	1991—2001 年	0.47	0.41	0.12	0	0
	2002 至今	0.51	0.42	0.07	0	0

根据式（6−1）可以计算易损性指数的概率密度值，最终获得易损性指数概率密度矩阵见表 6.6。

表 6.6 钢筋混凝土框架结构易损性指数概率密度矩阵

烈度 \ 破坏状态		基本完好	轻微破坏	中等破坏	严重破坏	倒塌
Ⅵ度	1990 年前	2.6	2	0.4	0	0
	1991—2001 年	3.15	1.55	0.3	0	0
	2002 至今	3.9	1.1	0	0	0
Ⅶ度	1990 年前	2.4	1.9	0.55	0.15	0
	1991—2001 年	2.75	1.8	0.45	0	0
	2002 至今	3.45	1.35	0.2	0	0
Ⅷ度	1990 年前	2.05	1.95	0.75	0.25	0
	1991—2001 年	2.35	2.05	0.6	0	0
	2002 至今	2.55	2.1	0.35	0	0

以易损性指数为横坐标，概率密度值为纵坐标，绘出概率密度值的直方图，并将易损性指数概率密度分别进行对数正态分布和正态分布函数拟合，得到拟合曲线函数，如图 6.4～图 6.6 所示。

当地震烈度为Ⅵ度时：

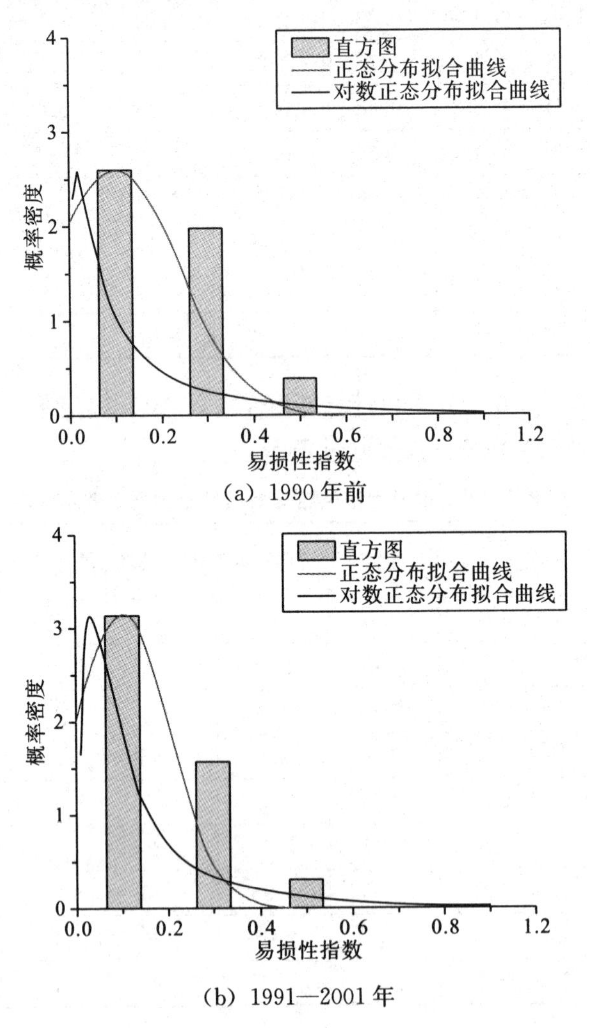

(a) 1990 年前

(b) 1991—2001 年

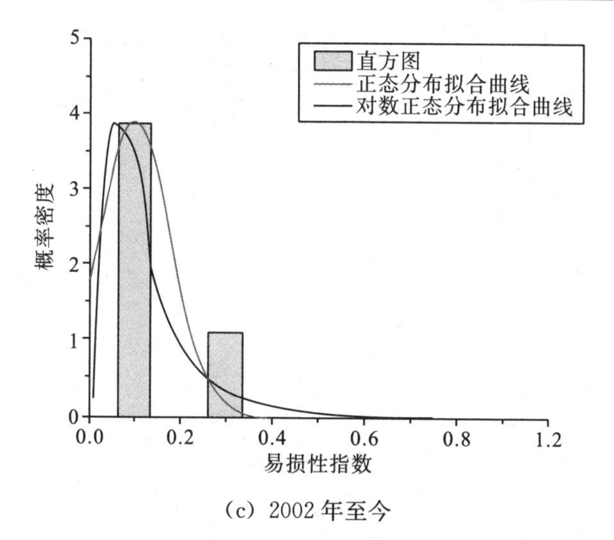

(c) 2002 年至今

图 6.4 Ⅵ度区钢筋混凝土框架结构建筑物易损性概率密度直方图及其正态分布、对数正态分布拟合曲线

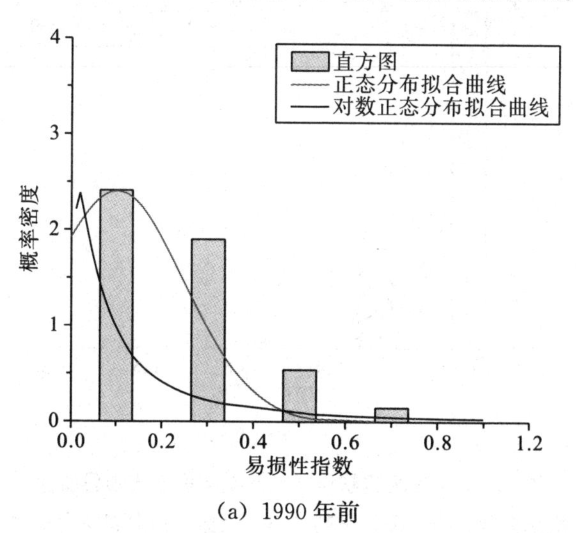

(a) 1990 年前

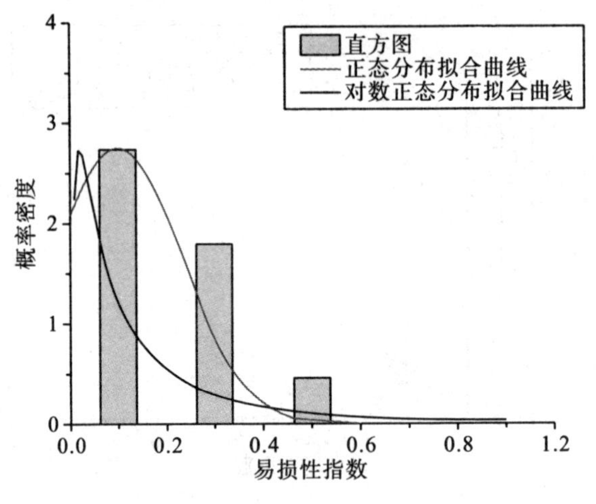

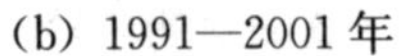
(b) 1991—2001 年

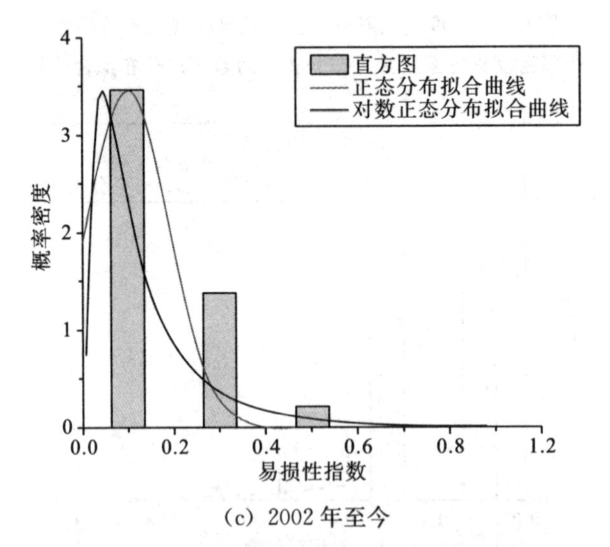

(c) 2002 年至今

图 6.5 Ⅶ度区钢筋混凝土框架结构建筑物易损性概率密度直方图及其正态分布、对数正态分布拟合曲线

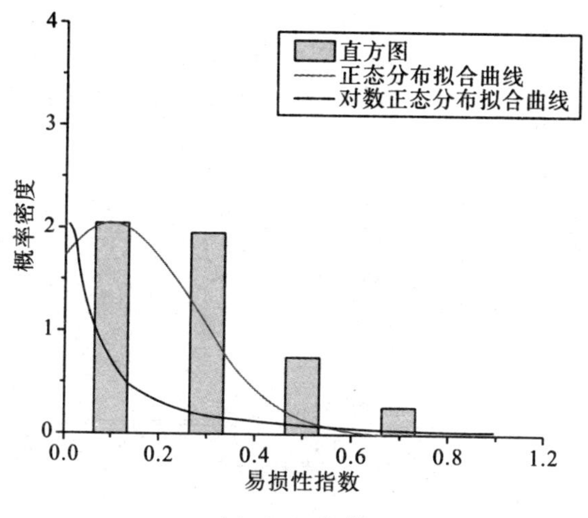

(a) 1990 年前

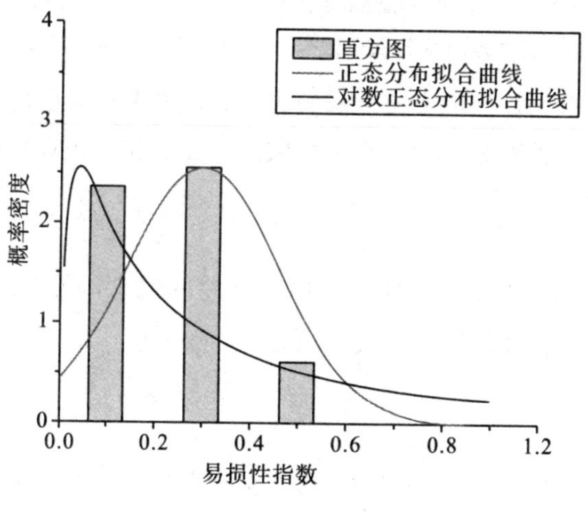

(b) 1991—2001 年

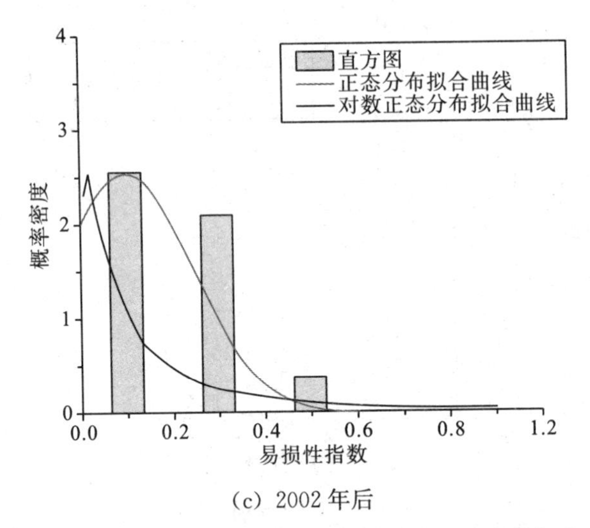

(c) 2002 年后

图 6.6 Ⅷ度区钢筋混凝土框架结构建筑物易损性概率密度直方图及其正态分布、对数正态分布拟合曲线

综上分析，用概率密度函数表示，本专著确定的砖混结构与钢筋混凝土框架结构建筑物破坏服从正态分布，破坏概率模型为

$$f(x)=\frac{1}{\sigma\sqrt{2\pi}}\exp\left[-\frac{(x-\mu)^2}{2\sigma^2}\right] \tag{6-7}$$

式中的 μ 和 σ 采用样本均值和方差的概念，可由式（6－8）和式（6－9）计算得到。

$$\mu=\frac{1}{n}(x_1+x_2+\cdots+x_n) \tag{6-8}$$

$$\sigma^2=\frac{1}{n}\left[(x_1-\mu)^2+(x_2-\mu)^2+\cdots+(x_n-\mu)^2\right] \tag{6-9}$$

式中，n 为样点数量，即所统计震害预测建筑物的数量；x_i 为各样本建筑物的易损性指数。

6.4.3 研究结论

由砖混结构和钢筋混凝土框架结构的多龄期破坏概率矩阵可以看出，随着龄期的增加，同种结构类型的建筑物在抵抗相同强度地震时抗震性能减弱，因此在统计建筑物易损性信息时须考虑龄期对建筑的影响。

6.5 结论

本专著从不同类型工程结构的损伤破坏关系与地震动强度指标之间的统计规律与关系出发，搜集大量地震历史资料，通过选取具有代表性的地震进行研究，建立了处于一般大气环境下的攀枝花地区多龄期砖混结构和钢筋混凝土框架结构的破坏概率矩阵，同时通过易损性指数概率密度分别进行对数正态分布和正态分布函数拟合，得到拟合曲线函数，建立了一般大气环境下多龄期建筑工程结构的经验易损性模型。

7　地震直接经济损失评估研究综述

我国是世界上遭受地震灾害最为严重的国家之一。据有关资料统计，全球陆地上的 7 级以上地震，有 30%左右发生在中国。我国的地震活动频度高、强度大、震源浅、分布广，因此造成的灾害非常严重。中国自有地震记载以来，共发生 8 级以上地震 18 次。自 1900 年以来，中国因地震死亡的人数达 55 万之多，占全球地震死亡人数的 53%；自 1949 年以来，100 多次破坏性地震袭击了 22 个省（自治区、直辖市），占全国各类灾害死亡人数的 54%。地震成灾面积达 30 多万平方千米，房屋倒塌达 700 万间[71]。这些数据表明，地震灾害严重影响和制约了我国国民经济的发展，防震减灾工作非常重要。

人员伤亡和经济损失这两个指标是评判地震灾害程度最主要的指标[72]，随着社会的发展和科学技术的进步，同样等级的地震所造成的人员伤亡会不断减少，而整个社会的经济损失绝对数值会不断增加，因此越来越多的地震工作者开始关注地震造成经济损失的研究。合理的经济损失评估，可以为未来人们面对地震灾害时提供决策依据，以便采取适宜的防震减灾措施应对可能出现的地震，使地震灾害造成的人员伤亡和经济损失降到最低。

对于地震经济损失的评估与预测，首先考虑场地条件（地震危险性，即地震发生的可能性），计算地震经济损失期望值：

$$EL = \sum_{i=4}^{12} P_i L_i \tag{7-1}$$

式中，EL 为地震经济损失期望值；P_i 为 i 度地震发生的可能性；L_i 为 i 度地震造成的经济损失。由于Ⅰ度到Ⅲ度地震基本无影响，所以只考虑Ⅳ度到Ⅻ度地震。

下面介绍地震直接经济损失预测与评估的具体方法。

7.1　地震直接经济损失的研究对象

地震经济损失包括直接经济损失和间接经济损失。直接经济损失一般是指社会物质财产的减少，包括房屋建筑物、室内财产、各基础设施的破坏等造成的损失[73]。作为地震灾害损失评估的重点所在，地震直接经济损失不仅限于地震地质灾害带来的损失，而且还包括由地震引发的泥石流、火灾、塌方等次生灾害带来的破坏。其具体的评估对象包括房屋建筑（包括但不限于钢筋混凝土房屋、砌体房屋、厂房等）、室内财产、室外财产、企业财产损失、生命线系统（公路、铁路、农田水利灌渠、供排水系统管道、供气系统管道、供热系统管道、输油管道、输电线路、通信系统线路）以及其他工程设施等[74]。

7.2　国外地震直接经济损失评估方法

美国、日本等地震频发的国家早在 20 世纪 60 年代以来就对地震直接经济损失的评估工作展开了一系列的研究和应用。

一般而言，对地震巨灾风险的评估可包括两方面的内容：一是地震危害分析，预测地震风险发生的概率，其基本原理是根据地震发生时间、空间和强度的可能数值，推算社会系统各种破坏和损失的可能性；二是易损性分析，评估地震风险发生后的人员伤亡和财产损失。

要进行易损性分析，首先要将建筑物按标准进行分类。Algermissen 和 Steinburgg（1984）[75]提出对不同材质类别的建筑按其特征、结构、高度和面积等进行分析，该方案成为美国 20 世纪 80 年代末在地震直接经济损失评估中最常用的建筑分级系统。该系统包含 21 个分析，其中 1A－1 至 1B 是对木质结构和泥土结构的建筑物在不同高度和面积的分类，2A－2B 是全金属结构的建筑物在不同高度和面积的分类，3A－3D 是钢结构的建筑物不同特征的分类，4A－4E 为钢筋混凝土不同结构的分类，5A－5E 为混合结构的不同特征建筑物的分类，6 是为抵御地震而特殊建造的建筑物。在建筑物分级基础上，专家结合经验分析（Modified Mercalli Intensity，MMI）烈度和破坏性的关系，可以得到每一级的平均破坏率，图像上可表示为平均破坏率曲线[73]。

1985 年，美国应用技术委员会（Applied Technology Council）提出了易损性分类清单法，简称 ACT－13。该方法以建筑物破坏为主，通过统计历史地震破坏资料，计算出各类建筑物各种破坏等级的损失率，并以此为依据进行损失评估[76]。

1995 年，美国联邦紧急事务管理局（Federal Emergency Management Agency，FEMA）在 GIS 基础软件的平台上，结合当时的科技、工程知识，开发了又一震害评估软件 HAZUS－MH（Hazards U. S. Multi－Hazard），该软件将建筑物分为 36 类，W1 和 W2 是对木结构在不同层数和高度的分类，S1－S3 是对钢结构的建筑物按不同特征在层数和高度上的分类，S4L、S4M、S4H 是对钢筋混凝土结构层数和高度的分类，S5L、S5M、S5H 是对钢框架砌体结构的分类，C1－PC2 是对混凝土不同结构的分类，RM1－M 是对混合结构的不同特征建筑物的分类，MH 指活动房屋（带轮子的平房，需要搬家的时候直接用大引擎的车拖走，这种房屋的电源水管和下水道接口都可拆卸)。该软件提供了美国各州建筑物的缺省数据库，在进行易损性分析时，以定量的峰值地面运动（Peak Ground Motions，PGM）代替以往的专家结合经验分析烈度（MMI）为地震特征参数，得出各类结构的易损性曲线，使得各级建筑物的破坏概率更为准确，可以同时对地震直接经济损失和间接经济损失做出评估[77]。

Cavallo Powell 和 Becerra（2010）[78]依据亚太互联网络信息中心（CRED）统计的各国灾害数据库 EM－DAT 的数据，对海地大地震受损额进行估计。其推算的基本思路是：第一，使用各国的面板数据推定自然灾害造成的经济损失（这里需要考虑的是自然灾害本身的规模与受灾地区的脆弱性决定受灾程度)。其中，以人员伤亡来说明灾害的大小，以受灾地区所得收入和人口等说明地区的脆弱性，由此得到推定结果的系数。据此，可以了解自然灾害造成的损失中人员伤亡与受灾地区的脆弱性有着怎样的影响。第二，在推定结果的基础上，代入海地大地震的人员伤亡和地震发生时的海地经济、社会状况数据，从而计算出海地大地震的经济损失金额。林万平、秋原（2013）[79]应用以上方法，再结合日本国内的相关数据，进行了南海巨大地震群的受损推定。这一方法需要进行大规模的震后数据采集。

Toyada（1997）[80]从直接经济损失的评估目的出发，认为应将直接损失划分为对于政府的、商业的和个人的损失 3 个部分，在整个灾害保险体系下，计算各部分在不同层面上的损失（通过保险赔付、政府支出等方面计算)。Pielke[81]曾用该框架对 Andrew 飓风造成的直接经济损失做过评价，同时也促进了该评价体系的进一步完善。由于不同的评价体系中，所得到的损失评估结果也不同，缺乏统一标准的评估体系框架很难对灾害损失得出精确定位[82]，从而造成政府难以选择成本收益更高的减灾政策。

7.3 国内地震直接经济损失评估方法

我国地震损失评估工作起步较晚。1988 年以前，我国地震灾害的评估主要依靠当地政府部门上报，数据来自对灾民上报清单的简单统计评估。该方法不够科学，与实际损失情况相差较大。1988 年山西大同—阳高地震后，我国开始对地震损失评估方法进行科学研究[89]。

1998 年出版的《地震现场工作大纲和技术指南》[83]的第 4 章详细介绍了现场地震灾害损失的评估方法：通过抽样调查得出评估所需的损失比和破坏比，再按照各类别汇总求和得到总损失。

房屋建筑的损失可按下式来计算：

$$L_h = \sum_{s=1}^{n}\sum_{j=1}^{5} TS \cdot \lambda S(j) \cdot \eta S(j) \cdot BS \qquad (7-2)$$

式中，L_h 为破坏总损失值；TS 为第 S 类结构的总面积；$\lambda S(j)$ 为第 S 类结构 j 级破坏的破坏比；$\eta S(j)$ 为第 S 类结构 j 级破坏的损失比；BS 为第 S 类结构的重置单价。其中，房屋破坏比（damage ratio of buildings）是指房屋某一破坏等级的建筑面积与总建筑面积之比。损失比（loss ratio）是指房屋或工程结构某一破坏等级的修复单价与重置单价之比。

室内财产损失按下式计算：

$$L_p = \sum_{s=1}^{n}\sum_{j=1}^{5} TS \cdot \lambda S(j) \cdot WS(j) \qquad (7-3)$$

式中，L_p 为室内财产总损失值；TS 为第 S 类结构的总面积；$\lambda S(j)$ 为第 S 类结构 j 级破坏的破坏比；$WS(j)$ 为第 S 类结构 j 级破坏的单位面积室内财产损失值。

室外财产损失主要由当地政府进行统计核实，然后填写牲畜、棚圈、围墙、蓄水池等室外财产破坏数量和损失。

公共基础设施的损失可按下式计算：

$$L_g = \sum_{k=1}^{n} a(k) \cdot b(k) \tag{7-4}$$

式中，L_g 为各项基础设施及其他工程结构的总损失值；$a(k)$ 为第 k 个工程结构的总价；$b(k)$ 为第 k 个工程结构的损失比。

2005年又颁布实施了国家标准《地震现场工作第4部分：灾害直接损失评估》，根据全国各地灾评实践中的有关意见和建议，吸收各地区地震现场灾害损失评估的实践经验，参考《地震灾害预测和评估工作手册》（国家地震局震害防御司编，1993）和《地震现场工作大纲和技术指南》（中国地震局，1998），新增并调整了一些内容。例如，提出简易房屋的概念，调整了破坏等级及对应的损失比等参数的划分和取值。

周光全（2007）[84]分别采用1998年和2005年的国家标准对2005年8月5日会泽5.3级地震中简易房屋的经济损失进行了模拟评估，对比发现新标准的评估值大于原标准的评估值，认为新标准的评估结果更符合实际，并分析了产生差异的原因主要是破坏等级合并后提高了对应的损失比。

现行的最新版，即2011年颁布的《地震现场工作第4部分：灾害直接损失评估》（GBT/1 8208.4—2011）对上述文件进行了修订，指出地震直接经济损失是指地震（包括地震动、地震地质灾害及地震次生灾害）造成的房屋和其他工程机构、设施、设备、物品等物项破坏的经济损失，应包括房屋、装修、室内外财产以及所有工程结构破坏直接经济损失之和。该文件重新定义了重置费用，即基于当地当前价格，重建与震前同样规模和标准的房屋和其他工程结构、设施、设备、物品等物项所需费用；新增3条术语和定义："城市评估区""农村评估区"和"中高档装修地震直接经济损失"；对于城市评估区，增加了中高档装修地震直接经济损失评估内容，计算方法如下：

$$L_d = \gamma_1 \gamma_2 \sum_{s=1}^{n} \sum_{j=1}^{5} RS \cdot \alpha S(j) \cdot \beta S(j) \cdot DS \qquad (7-5)$$

式中，L_d 为破坏总损失值；RS 为第 S 类结构中高档装修房屋的总面积；$\alpha S(j)$ 为第 S 类结构 j 级破坏的破坏比；$\eta S(j)$ 为第 S 类结构 j 级破坏的装修损失比；DS 为第 S 类结构中高档装修的重置单价；γ_1 为考虑各个地区经济状况差异的修正系数；γ_2 为考虑不同用途的修正系数。

经过修订的该方法评估结果增大，精确度提高，但这类方法有一个共同的缺点：对震前统计数据和震后数据采集的准确性有很大的依赖，需要搜集各种普查资料、统计资料以及经济年鉴等。

周光海、洪亮、刘纯（2013）[85]运用 GIS 和上述模型，将搜集到的当地的基础地理信息进行整理、分类、校正，然后综合地震三要素等因素生成地震烈度圈，确定在各地震烈度区的乡镇，最后利用该模型计算各乡镇的建筑直接经济损失。评估结果表明，系统建筑直接经济损失评估结果真实、可靠。

1997 年，陈棋福等[86]提出了地震宏观经济易损性位于常规易损性分类清单中的最好和最差两种极端建筑条件的中间。传统地震经济损失评估方法需要详细的建筑物分类等统计资料，但这些资料在大部分地区很难搜集。陈棋福认为，容易遭受到地震破坏的建筑设施的总价值以及商业中断引起的收入丧失，是与该地区的经济生产能力紧密相关的，因此陈颙[17]等提出基于其他宏观经济指标（如 GDP、人口等）进行地震损失评估。首先根据 1980—1995 年间部分地震损失数据，建立跨越几个地震烈度的 GDP 与地震损失的经验关系式；再通过将全球陆地划分为 0.5°×0.5°单元网格，并根据网格格点所属区域的人口与 GDP 值以格点所在的人口比例计算得到单元格点的 GDP 值；格点的预测地震损失则由地震危险性概率、GDP值、GDP与地震损失经验关系等得到。在没有研究区域详尽的建筑物易损性资料或相伴随的地质资料的情况下，该方法可以进行一定的地震评估，且方法简便易行，但所运用的宏观经济易损性曲线还需要进一步细化，其结果的精确性有待提高。

周光全等（2004）[87]也曾用受灾人口来评估地震经济损失，通过对历史资料的整理，分析受灾人口与地震经济损失的关系，以此进行震后快速经济损失评估。但由于未能考虑不同地区受灾程度和社会经济的差异，该方法的结果与地震现场评估结果存在一定偏差[3]。

门可佩、崔蕾等（2013）[88]选取《中国统计年鉴》中2000—2009年我国地震灾害所造成的年直接经济损失 z 为样本数据，对其进行对数预处理后，采用K－S检验法[20]进行对数正态分布检验，得出我国年地震损失额近似服从均值为12.4695、标准差为2.2451的对数正态分布，即 $\ln z\sim N$（12.4695，2.2451）。然后对“十一五”期间（即2006—2010年）发生在我国大陆地区（不包含台湾省）所有 $Ms\geqslant 3.0$ 地震的次数进行拟合，假设其服从参数为 λ 的泊松分布，进行K－S检验后得出我国每月发生地震的次数近似服从参数为4.2857的泊松分布。再选取死亡人数、受伤人数、房屋毁坏及严重破坏、房屋中度及轻微破坏、农业损失、林业损失、牧业损失、渔业损失、抗灾抢险救灾费用9个指标进行地震经济损失因子分析，运用转换函数将这些指标单位化，结合现有的“灾度”概念和分级标准，得到新的分级标准，见表7.1。由表7.1可对某次地震灾害的直接经济损失进行等级划分，需要将其死亡人数等指标值代入相应的转换函数 V_j（x），得到地震的指标矩阵 $\boldsymbol{U}=(u_1, u_2, \cdots, u_9)^{\mathrm{T}}$，其中 u_i 表示第 i 个指标的转换函数值。最后通过确定影响地震灾害直接经济损失的因素，运用灰色关联法确定其关联序，根据上文确定的直接经济损失评价指标，运用灰色聚类模型将不同地震灾害评级。

表 7.1　灾害分级

灾害直接经济损失等级	转换函数值
微灾	(0，0.2]
小灾	(0.2，0.4]
中灾	(0.4，0.6]
大灾	(0.6，0.8]
巨灾	(0.8，1.0]

运用灰色关联分析法可以证明，各影响地震经济损失的子因素与直接经济损失的灰色关联度排序如下：灾区人口>地震上年度 GDP>灾区乡镇数>震源深度>灾区地貌>发震时间>震级。在运用该方法对 2006—2009 年发生的 8 次地震进行经济损失评级时，结果比较准确，符合我国现实情况。但在实际操作中，存在部分指标数据无法获取，只能选用有限指标对直接经济损失进行灰色聚类分析的情况，在一定程度上影响了该方法的有效性和准确度。

8 结论

针对多龄期建筑结构的材料本构与构件宏观滞回模型研究内容，本专著搜集国内外已有相关试验研究资料，参考已有腐蚀退化材料模型，针对试验研究内容的空缺及腐蚀退化模型的缺点，设计并制作了材料及构件层次试件，包括：一般大气、近海环境及冻融环境混凝土材性试件，近海环境构件试件；一般大气与近海环境钢结构材料与构件试件；一般大气与冻融环境砌体材料与构件试件。

目前，国内外已发表文献未见对结构层次耐久性损伤的试验研究，为验证所建立模型的科学与准确性，本专著对钢筋混混凝土结构、钢结构与砌体结构构件的试验方案进行了初步的探讨与设计，包括平面结构拟静力试验试件、空间整体结构振动台试验试件，以通过试验研究揭示其破坏模型、损伤指标等。

本专著对构件恢复力模型与单体结构的建模方法进行了系统的总结，并基于已有试验数据，建立了锈蚀 RC 框架柱的恢复力模型；同时，基于已有材料退化规律，建立了轻微锈蚀 RC 框架结构的精细化数值模型，并进行了地震易损性的分析，得到了 RC 框架结构的时变地震易损性曲线及曲面。

在既有结构地震易损性原理方面，参考桥梁结构的时变地震易损性模型，给出了所处不同环境下考虑结构服役龄期的地震易损性模型及分析方法与过程。本专著可为科学合理评估多龄期建筑群的震害情况提供理论依据。

为了研究多龄期建筑结构的经验易损性模型，本专著从不同类型工程结构的损伤破坏关系与地震动强度指标之间的统计规律与关系出发，搜集大量地震历史资料，通过选取具有代表性的地震进行研究，建立了处于一般大气环境下的攀枝花地区多龄期砖混结构和钢筋混凝土框架结构的破坏概率矩阵；同时，通过数据拟合，建立了一般大气环境下多龄期建筑工程结构的经验易损性模型。对于其他腐蚀环境下的工程结构经验易损性模型，由于资料比较匮乏，有待于后期进行更深入的研究。

为了更好地指导耐久性试验的研究，本专著进行了一般大气环境下的现场实测，通过对大量工程结构的实际检测数据进行拟合，获得了混凝土抗压强度、混凝土的碳化深度及钢筋锈蚀程度随龄期的变化关系，对耐久性试验的修正具有重要的指导意义。

最后，为了对城市多龄期建筑的震害进行评估，本专著对国内外的地震直接经济损失评估方法和模型进行了系统的研究，对于本课题的后续研究具有重要的理论指导意义。

参考文献

[1] Hakan Yalciner, Ozgur Eren, Serhan Sensoy. An experimental study on the bond strength between reinforcement bars and concrete as a function of concrete cover, strength and corrosion level [J]. Cement and Concrete Research, 2012 (42): 643－655.

[2] Congqi Fang, Kent Gylltoft, Karin Lundgren, et al. Effect of corrosion on bond in reinforced concrete under cyclic loading [J]. Cement and Concrete Research, 2006 (36): 548－555.

[3] Lundgren K. Effect of corrosion on the bond between steel and concrete: an overview [J]. Magazine of Concrete Research, 2007 (59): 447－461.

[4] Luisa Berto, Paola Simioni, Anna Saetta. Numerical modelling of bond behaviour in RC structures affected by reinforcement corrosion [J]. Engineering Structures, 2008 (30): 1375－1385.

[5] Zahir Aldulaymi. Optimization of the effect of corrosion on bond behaviour between steel and concrete [D]. Toronto: Ryerson University, 2007.

[6] Eduardo Soares Cavaco. Robustness of Corroded Reinforced Concrete Structures [D]. Barcelona: Universitat PolitŁcnica de

Catalunya，2009.
[7] Hakan Yalçıner. Predicting performance level of reinforced concrete structures subject to corrosion as a function of time [D]. Famagusta：Eastern Mediterranean University，2012.
[8] 刘磊. 锈蚀箍筋约束混凝土单轴受压本构关系试验研究[D]. 西安：西安建筑科技大学，2011.
[9] 王建东，张俊芝，鲁列，等. 多功能气候试验室模拟效果研究 [J]. 实验技术与管理，2011，28 (4)：42-45.
[10] 蒋德稳，李果，袁迎曙. 混凝土内钢筋腐蚀速度多因素影响的试验研究 [J]. 混凝土，2004 (7)：3-11.
[11] 林大炎，王传志. 矩形箍筋约束的混凝土应力—应变全曲线研究 [A] //清华大学抗震抗爆工程研究室. 科学研究报告集第 3 集：钢筋混凝土结构的抗震性能 [C]. 北京：清华大学出版社，1981：19-37.
[12] 王文兴，丁国安. 中国降水酸度和离子浓度的时空分布[J]. 环境科学研究，1997，10 (2)：1-7.
[13] 卫旭东，刘引鸽，缪启龙. 陕西省降水量变化及其影响分析 [J]. 水土保持通报，2004，24 (4)：40-43.
[14] 林杨，薛春芳，邓小丽，等. 西安市大降水环流特征分析[J]. 陕西气象，2007 (4)：16-19.
[15] 韩亚芬，孙根年，李琦，等. 西安市酸雨及化学成分时间变化分析 [J]. 陕西师范大学学报（自然科学版），2006，34 (4)：109-113.
[16] 白莉，王中良. 西安地区大气降水化学组成特征与物源分析 [J]. 地球与环境，2008，36 (4)：289-296.
[17] 蔡昊. 混凝土抗冻耐久性预测模型 [D]. 北京：清华大学，1998.
[18] Kiyoshi Okada，Kazuo Kobayashi，Toyoaki Miyagawa. Influence

of longitudinal cracking due to reinforcement corrosion on characteristics of reinforced concrete members [J]. ACI Structural Journal, 1988, 85 (2), 134-140.

[19] Kobayashi K. The seismic behavior of RC member suffering from chloride-induced corrosion [M]. Naples: Proceedings of the 2nd Fib International Congress, 2006.

[20] Ou Y C, Tsai L L, Chen H H. Cyclic performance of large-scale corroded reinforced concrete beams [J]. Earthquake Engineering and Structural Dynamics, 2011, 10 (2): 1145.

[21] 陈厚亨. 含腐蚀横向钢筋之钢筋混凝土梁耐震行为 [D]. 台北：台湾科技大学，2011.

[22] 喻伟. 钢筋混凝土框架梁—柱节点循环荷载反应基准试验的盲测 [D]. 哈尔滨：中国地震局工程力学研究所，2007.

[23] Mander J B, Priestley M J N, Park R. Theoretical stress-strain model for confined concrete [J]. Struct. Engrg., ASCE, 1988, 114 (8): 1804-1826.

[24] Yassin M H M. Nonlinear analysis of prestressed concrete structures under monotonic and cyclic loads, PhD Thesis [D]. Berkeley: University of California, 1994.

[25] 陆新征—曲哲塑性铰恢复力型 [EB/OL]. http://www.luxinzheng.net/download/Lu _ Qu _ Model.htm.

[26] 陆新征，叶列平，缪志伟. 建筑抗震弹塑性分析 [M]. 北京：中国建筑工业出版社，2009.

[27] 马千里. 钢筋混凝土框架结构基于能量抗震设计方法研究 [D]. 北京：清华大学，2009.

[28] 陈学伟. 剪力墙结构构件变形指标的研究及计算平台开发 [D]. 广州：华南理工大学，2011.

[29] 张新培. 钢筋混凝土抗震结构非线性分析 [M]. 北京：科

学出版社，2003.

[30] Silvia Mazzoni，Frank McKenna，Michael Scott，et al. OpenSEES users manual [D]. Berkeley：University of California，2006.

[31] Lundgren K. Effect of corrosion on the bond between steel and concrete：an overview [J]. Magazine of Concrete Research，2007 (59)：447－461.

[32] 史庆轩，牛荻涛，颜桂云. 反复荷载作用下锈蚀混凝土压弯构件恢复力性能的试验研究 [J]. 地震工程与工程振动，2000，20 (4)：45－50.

[33] 牛荻涛，陈新孝，王学民. 锈蚀钢筋混凝土压弯构件抗震性能试验研究 [J]. 建筑结构，2004，34 (10)：36－45.

[34] 贡金鑫，仲伟秋，赵国藩. 受腐蚀钢筋混凝土偏心受压构件低周反复性能的试验研究 [J]. 建筑结构学报，2004，25 (5)：92－97.

[35] 蒋连接，袁迎曙. 锈蚀钢筋混凝土压弯构件的恢复力模型 [J]. 混凝土，2011 (6)：29－40.

[36] 欧进萍，何政，吴斌，等. 钢筋混凝土结构基于地震损伤性能的设计 [J]. 地震工程与工程振动，1999，19 (1)：21－30.

[37] Mork K J. Response analysis of reinforced concrete structures under seismic excitation [J]. Earthquake Engineering and Structural Dynamics，1991，23 (1)：33－48.

[38] Rahnama M，Krawinkler H. Effects of soft soil and hysteresis model on seismic demands [D]. Stanford：Stanford University，1993.

[39] Luis Ibarra，Ricardo Medina，Helmut Krawinkler. Hysteretic model models that incorporate strength and stiffness deterioration [J]. Earthquake Engng Struct.

Dyn，2005（34）：1489－1511.

［40］王斌，郑山锁，国贤发，等．考虑损伤效应的型钢高强高性能混凝土框架柱恢复力模型研究［J］．建筑结构学报，2012，33（6）：69－76.

［41］周宁．锈蚀RC框架性能化抗震能力研究［D］．西安：西安建筑科技大学，2013.

［42］贡金鑫，李金波，赵国藩．受腐蚀钢筋混凝土构件的恢复力模型［J］．土木工程学报，2005，38（11）：38－44.

［43］陈新孝，牛荻涛，王学民．锈蚀混凝土压弯构件的恢复力模型［J］．西安建筑科技大学学报，2005，37（2）：155－159.

［44］Hanjari K Z，Kettil P，Lundgren K．Analysis of mechanical behavior of corroded reinforced concrete structures［J］．ACI Structural Journal，2011（108）：523－541.

［45］Yalciner H，Sensoy S，Eren O．Time－dependent seismic performance assessment of a single－degree－of－freedom frame subject to corrosion［J］．Engineering Failure Analysis，2012（19）：109－122.

［46］杨威．氯盐侵蚀下锈蚀RC框架结构时变地震易损性研究［D］．西安：西安建筑科技大学，2013.

［47］Luisa Berto，Paola Simioni，Anna Saetta．Numerical modelling of bond behaviour in RC structures affected by reinforcement corrosion［J］．Engineering Structures，2008（30）：1375－1385.

［48］Choe D，Gardoni P，Rosowsky D，et al．Probabilistic capacity models and seismic fragility estimates for RC columns subject to corrosion［J］．Reliability Engineering and System Safety，2007（93）：383－393.

［49］Vecchio F J，Collins M P．The modified compression－field

theory for reinforced concrete elements subjected to shear [J]. ACI Journal, 1986, 83 (22): 219-231.

[50] Molina F, Alonso C, Andrade C. Cover cracking as a function of rebar corrosion: Part 2—Numerical model [J]. Materials and Structures, 1993 (26): 532-548.

[51] Mander J B, Priestley M J N, Park R. Theoretical stress-strain model for confined concrete [J]. Struct. Engrg., ASCE, 1988, 114 (8): 1804-1826.

[52] 张伟平，商登峰，顾祥林. 锈蚀钢筋应力—应变关系研究 [J]. 同济大学学报，2006，34 (5): 586-592.

[53] Paulay T, Priestley M J N. Seismic design of reinforced concrete and masonry buildings [M]. New York: Wiley, 1992.

[54] Cornell C A, Jalayer F, Hamburger R O, et al. Probabilistic basis for 2000 SAC Federal Emergency Management Agency steel moment frame guidelines [J]. Struct. Eng., 2002, 128 (4): 526-533.

[55] Sucuoglu H, Yucemen S, Gezer A, et al. Statistical evaluation of the damage potential of earthquake ground motions [J]. Structural Safety, 1999, 20 (4): 357-378.

[56] Enright M P, Frangopol D M. Condition prediction of deteriorating concrete bridges using Bayesian updating [J]. Struct. Engrg., 1999, 125 (10), 1118-1125.

[57] 郭小东，马东辉，苏经宇，等. 城市抗震防灾规划中建筑物易损性评价方法的研究 [J]. 世界地震工程，2005，21 (2): 129-135.

[58] 孙柏涛，王明振，闫培雪，等. 芦山 7.0 级地震单层砖柱排架厂房震害特征及抗震分析 [J]. 地震工程与工程震动，2013 (3): 1-8.

[59] 宋立军，谢瑞民，李锰，等. 喀什及其周围地区农村房屋建筑易损性矩阵的建立 [J]. 内陆地震，1999 (3)：233—237.

[60] Liu Ben—Chien，Hsieh Chang—tesh. 美国新马德里地区地震灾害损失预测研究 [M]. 国家地震局震害防御司，译. 北京：地震出版社，1993.

[61] Applied Technology Council. Earthquake damage evaluation data for California [D]. California：Applied Technology Council，1985.

[62] 谢礼立. 张晓志，周雍年. 论工程抗震设防标准 [J]. 地震工程与工程振动，1996，16 (1)：1—18.

[63] 李树祯，李冀龙. 房屋建筑的震害矩阵计算与设防投资比确定 [J]. 自然灾害学报，1998，7 (4)：106—114.

[64] 尹之潜. 城市地震灾害预测的基本内容和减灾决策过程 [J]. 自然灾害学报，1995，4 (1)：17—25.

[65] Revadigar S，Mau S T. Automated multicriterion building damage assessment from seismic data [J]. Journal of Structural Engineering，ASCE，1999，125 (2)：211—216.

[66] Singhal A，Kiremidjian A S. Method for probabilistic evaluation of seismic structural damage [J]. Journal of Structural Engineering，ASCE，1996，122 (12)：1459—1667.

[67] 周旭，沈德津，黄展，等. 建筑物震害预测方法 [J]. 四川建筑，2002，22 (3)：56—57.

[68] 徐敬海，刘伟庆，邓民宪. 建筑物震害预测模糊震害指数法 [J]. 地震工程与工程振动，2002，22 (6)：84—88.

[69] Wang Yu，Zhang Jun. Panzhihua earthquake [J]. Overview of Disaster Prevention，2008 (5)：28—31.

[70] Zhang Ruiqing，Wu Qingju. Focal depth for an earthquake Ms 5.6 on August 31，2008 in Panzhihua of Sichuan

Province [J]. Recent Developments in World Seismology, 2008 (12): 1-5.

[71] 向喜琼，黄润秋. 地质灾害风险评价与风险管理 [J]. 地质灾害与环境保护，2003，11 (1)：38-41.

[72] 马玉宏，谢礼立. 我国社会可接受地震人员死亡率的研究 [J]. 自然灾害学报，2001，10 (3)：56-63.

[73] 叶珊珊，翟国方. 地震经济损失评估研究综述 [J]. 地理科学进展，2010，6 (6)：684-692.

[74] 王伟哲. 地震直接经济损失评估：BP 神经网络及其应用 [D]. 成都：西南财经大学，2012.

[75] Algermissen S T, Steinbrugge K V. Seismic hazard and risk assessment: Some case studies [J]. The Geneva Papers on Risk and Insurance, 1984, 9 (30): 8-26.

[76] 章在墉. 地震危险性分析及其应用 [M]. 上海：同济大学出版社，1993.

[77] Hazus M H. Advanced Engineering Building Module (AEBM) technical and user's manual [EB/OL]. http://www.fema.gov/technical-manuals-and-guides.

[78] Cavallo E, Powell A, Becerra O. Estimating the direct economic damage of the earthquake in Haiti [J]. The Economic Journal, 2010 (8): 298-312.

[79] 林万平，秋原. 日本南海巨大地震群的经济损失估算 [J]. 北京规划建设，2013 (1)：108-112.

[80] Toyoda T. Economic impacts and recovery process in the case of the great hanshin earthquake [J]. Pasadena, Calif, 1997 (5): 15-17.

[81] Pielke R A. Hurricane Andrew in South Florida: Mesoscale Weather and Societal Responses [M]. Boulder, Colo.:

National Center for Atmospheric Research Institute, 1995.
[82] Howe C W, Cochrane H C. Guidelines for the uniform definition, identification, and measurement of economic damages from natural hazard events [J]. Program on Enbironment and Behavior Special Publication, 1993 (28): 19-20.
[83] 中国地震局. 地震现场工作大纲和技术指南 [M]. 北京: 地震出版社, 1998.
[84] 周光全. 简易房屋的地震灾害经济损失评估 [J]. 地震研究, 2007, 30 (3): 265-270.
[85] 周光海, 洪亮, 刘纯. 基于GIS的地震建筑直接经济损失评估研究 [J]. 测绘与空间地理信息, 2013, 10 (10): 56-59.
[86] 陈琪福, 陈凌. 利用国内生产总值和人口数据进行地震灾害损失预测评估 [J]. 地震学报, 1997 (6): 83-92.
[87] 周光全, 毛燕, 施伟华. 云南地区地震受灾人口与经济损失评估 [J]. 地震研究, 2004, 27 (1): 88-93.
[88] 门可佩, 崔蕾. 中国地震灾害损失评估模型与实证分析研究 [J]. 南京信息工程大学学报, 2013 (4): 369-378.
[89] 胥卫平, 肖凯灵, 张亘稼. 城市地震灾害风险损失评价研究综述 [J]. 西安石油大学学报 (社会科学版), 2010 (2): 32-37.